AF329133

V 1642

9582 - 9583

INSTRVCTION NOVVELLE,

des poincts plus excellents & neceſſaires, touchant l'art de nauiguer.

Contenant pluſieurs reigles, pratiques, enſeignemens, & inſtrumens
treſidoines à tous Pilotes, maiſtres de nauire, & autres qui iournellement hantent la mer. *Enſemble, Vn moyen facil, certain & treſſeur
pour nauiguer Eſt & Oëſt, lequel iuſques à preſent a eſté incognu à tous Pilotes.*

Nouuellement practiqué & compoſé en langue Thioiſe, par
MICHIEL COIGNET, natif d'Anuers.

Depuis reueu & augmenté par le meſme Autheur, en diuers endroiĉts.

A ANVERS,

Chez Henry Hendrix, à l'enſeigne de la fleur de Lis.
Auec Priuilege Royal.   1581.

A treſhonorable & treſvertueux Seigneur,

Monſeigneur GILLES HOOFTMAN, marchant en la treſrenommée ville d'Anuers. Michel Coignet S.

Mon treſhonoré Seigneur, voyant qu'on ap‑
preſtoit deſia ce noſtre traicté des inſtructions
nouuelles touchant l'art de nauiguer, pour le
faire prendre ſes erres en France, ie n'ay peu obmet‑
tre (apres l'auoir augmenté en_ pluſieurs endroits)
de prier que V.S. ne ſe deſdaignaſt de l'accepter au‑
trefois ſoubs ſa protection, comme icelle en a faict de_
la premiere edition en baſ‑allemand. Sachant Mon‑
ſeigneur, que tout ainſi que la pierre precieuſe a meil‑
leur luſtre, eſtant enchaſſée en l'or qu'en autre metal,
que ſemblablement ce noſtre petit labeur, ſera d'autăt
plus agreable envers tous amateurs de la nauigatiŏ,
le trouuant orné du nom de celuy, qui par effect ſe mŏ‑
ſtre d'eſtre le vray fauteur de ces tant profitables &
neceſſaires inuentions. Leſquelles partant ie vous de‑
die autrefois d'auſſi bonne affection, que ie deſire de‑
meurer voſtre perpetuel ſeruiteur : Priant le ſouue‑
rain Seigneur de vouloir conſeruer v.S. enſemble_
tous les voſtres, en treſbonne ſanté & longue_ vie.
d'Anuers ce 25. d'Octobre_ . 1580.

A 2

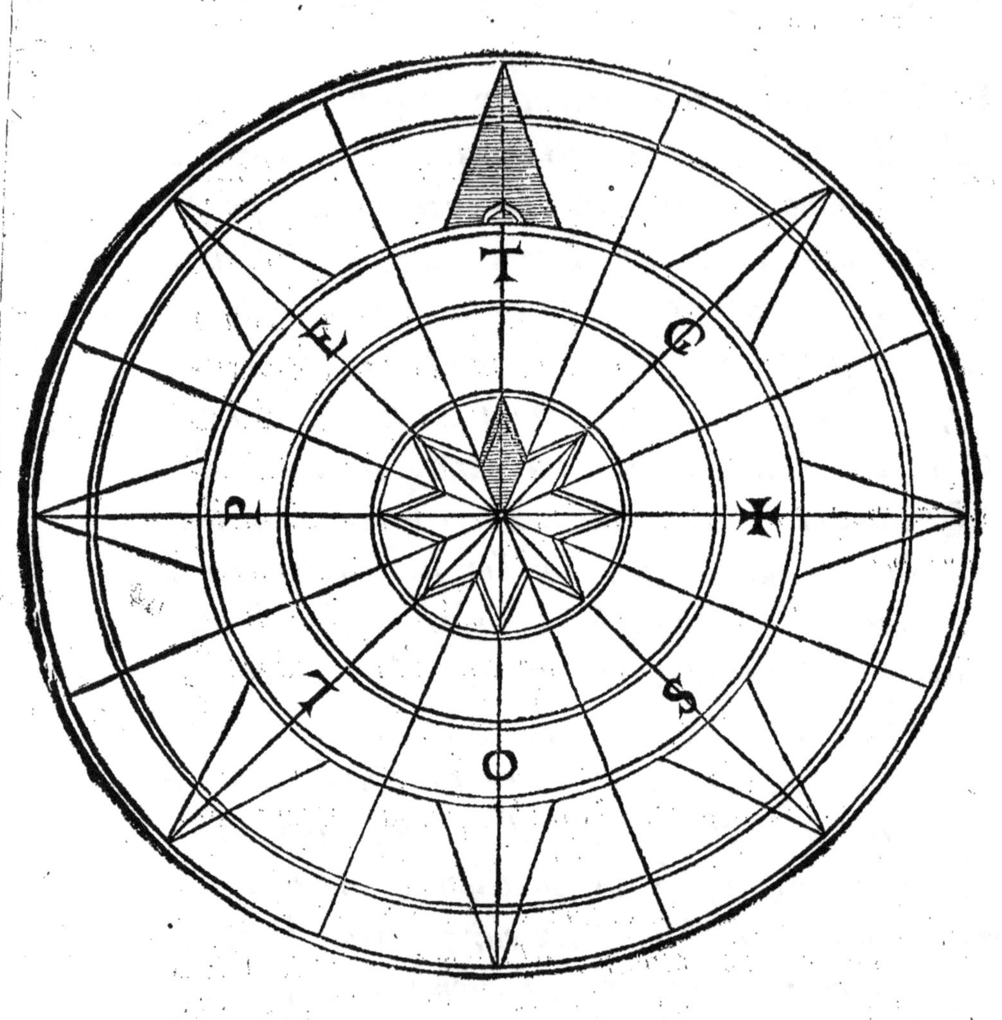

T
E
G
P
✠
L
S
O

Inſtruction nouuelle des poincts plus excellẽts
& neceſſaires touchant l'art de nauiguer.

Des principes neceſſaires à l'art de nauiguer. Chap. I.

Ous appellons cõmunement l'art de nauiguer la ſcience de bien & ſeuremét gouuerner & diriger par reigles certaines le nauire, de l'vn port à l'autre. Ceſte pratique eſt repartie en deux, à ſçauoir en la nauigation cõmune & la nauigation grande. La nauigation cõmune ne ſe ſert d'autres inſtrumés, que de l'experiéce, de l'aiguille, & de la ſonde. Car l'entiere ſcience de ceſte nauigation commune ne conſiſte en autre, qu'à bien & parfaictemét cõnoiſtre tous les caps, ports, & riuieres, comme iceulx ſe monſtrent & s'apparoiſſent en mer, quelle diſtance il y a entre eux, quelle route ou cours ils tiennent, auſſy à quel rumb de Lune la marée y eſt plaine ou baſſe, le cours & deſcente de toutes eaues, auecque la qualité, profondeur & fond d'icelles. Ce que principalement (comme deſſus eſt dict) s'apprend par experience, & inſtruction des anciens Pilotes bien exercitez.

La nauigation grande ſe ſert outre les pratiques ſuſdites, de pluſieurs autres reigles fort ingenieuſes & inſtrumens prins de l'art de l'Aſtronomie & Coſmógraphie, leſquels inſtruméts & reigles no' preſuppoſons de deduire en ce petit traicté, tant clairement & facilement que ſera poſſible, le tout ſelon l'exigence de la matiere.

Or puis que deſſus eſt déclaré, que les reigles principa-

les

les de la grande nauigation procedent de l'Aſtronomie, il eſt treſ-neceſſaire que tout Pilote ſoit premierement bien inſtruit és fondemens, & premiers principes de ceſt art, à ſçauoir, qu'il ſaue & entende la diuiſion du monde en ſes ſpheres, auſsi les poincts, lignes & cercles qui es meſmes ſpheres s'imaginent, comme le Pole Arctique & Antarctique, la ligne Equinoctiale, le Zodiaque, les Colures, les Tropiques de Cancer & Capricorne, l'Orizon, Meridien, Zenith & autres ſemblables.

D'auantage, il doibt ſçauoir que le ciel ſupreme, dict le premier mobile, faict vne reuolution en 24. heures, en rauiſſant auec luy toutes les autres ſpheres inferieures, de Orient par le midy vers l'Occident. Et au contraire que la ſphere du Soleil faict vne reuolution de l'Occident vers Orient en l'eſpace d'vn an, celle de la Lune en vn mois, & ainſi chácune des autres planetes en ſon temps conuenable. Ce que luy fera connoitre iournellement en quel degré du Zodiaque ſera le Soleil. Plus cóme le Soleil chacun an monte & deſcend ſus & ſouz la ligne Equinoctiale: le leüer & coucher du Soleil, la hauteur du Pole, la longitude & latitude des regions, & pluſieurs autres choſes ſemblables fort ingenieuſes, deſquelles bien amplement ont eſcrit, Pierre Apian, Gemma Friſon, Martin Cortez, Pierre de Medina, & beaucoup d'autres, pour donner parfaicte & pleiniere inſtruction de tout ce qui eſt dict, à vng diligent & induſtrieus Pilote.

Le Pilote ayant doncques bien entendu ces principes d'aſtronomie, ſe poura lors addóner à entendre les reigles & inſtrumés de la grande nauigation, leſquelles auons en ce petit traicté (affin de proceder par bon ordre) diuiſé en

ceſte

cefte maniere. Premierement ayant faiɕ quelque difcours
des vens, Calamite, Compas marinier ou boffole, & cartes marines, nous enfeignerons à trouuer la hauteur du
Pole en tout lieu, par inftrumens de noftre inuentió, non
feulement à l'heure de midy, mais à chaque heure du iour.
Puis parlerons de l'eftoille du Nort, de l'arbalefte & autres inftrumens, par lefquels on pourra à chaque heure de
nuiɕ prendre la hauteur dudiɕ Pole. Tiercement enfeignerons le moyen de facillemét fauoir les marées de plaine & baffe mer, auffy de compter les lieuës qu'on aura nauigué auec plufieurs autres chofes femblables tref-necef-
faires à la nauigation; Et pour le dernier enfeignerons vne
reigle affez facile & treffeure de nauiguer Eft & Oëft, laquelle a efté incognue iufques à prefent, voire eftimée im-
poffible à tous ceux qui hantent la mer.

Des vens. Chap. II.

Vis que la diuifion des vens eft le premier moyen
de paruenir à la cognoiffance de l'art de nauiguer,
il eft neceffaire d'en faire icy aucune mention. Le
vent donques par la definition de tous gens doɕes, eft vne
vapeur, ou exhalation chaude & feiche, engendrée au
ventre de la terre, laquelle en fortant fi elle s'eftende &
fouffle lateralement deffus la terre, nous l'appellons vent.
Vitruue recite au 6. cha. de fon premier liure d'Architeɕu-
re, que Andronicus Cyrcheftus Egyptien eft le premier
inuenteur de la diftinɕion des vens, dont les noms fe pré-
dent diuerfement: car aucuns portent le nom des regions
dont ils foufflent: les Grecs appellent le vent d'Oëft, Lybs,
pource qu'il fourd de Lybie. Africus celluy qui vient
d'Afrique. Semblablement les mariniers de la mer Medi-

terranée, appellent le vent de Nort, Tramontane : parce qu'il leur vient d'outre les monts. Le vent de Sudeſt, Syroccho, à cauſe qu'il leur vient de Syrie, & ainſi des autres.

Aucuns vens tiennent leur noms, de la qualité qu'ils cauſent ſur la terre: parquoy les anciens Grecs nommoyent le vent de Sud, Nothus, c'eſt à dire, humide: pource qu'il engendre ordinairement pluye . Le vent de Nort, Boreas, c'eſt à dire, fort bruiant: pour ce qu'il rend touſiours grand bruit ou ſon: & ainſi des autres.

Toutes regions & nations accordent en la ſituation des quatre vens principaux, ſelon les quatre parties de l'Orizon, ou angles du móde: à ſçauoir, Leuát, Midy, Occident & Septentrion, mais és autres ſubdiuiſiós ſont ils differés.

Les anciens Coſmographes tant Grecs que Latins, repartiſſoyent chacun quart de l'Orizon, en deux vens collateraux: de ſorte qu'ilz ont en tout douze véts: la deſcription des noms deſquels laiſſons maintenant, d'autant qu'ilz ne ſeruent de rien à nos mariniers.

Les Pilotes de la mer mediterranée n'ont en leur natu- rel langage que les noms des 8. vens principaux: dont met- tons icy leur noms tant Italiens que François, à cauſe que Chriſtoffle Columbe, Loys Cadamuſt, Ferdinande Cor- tez, Albertus Veſpuſius, & autres qui premieremét ont na- uigué les Indes orientales & occidentales, ſouuent ſe ſer- uent deſdits noms en leur eſcrits.

Tramontana,	*Nort.*	Mezzodi,	*Sud.*
Griego,	*Norteſt.*	Garbino,	*Sudoëſt.*
Leuante,	*Eſt.*	Ponente,	*Oëſt.*
Syrroccho,	*Sudeſt.*	Maiſtro,	*Nortoëſt.*

Les

Les mariniers du païs bas ne s'arrestans à ces subdiuisi-
ons imparfaictes, ont reparti egalement l'Orizon entier
(afin d'estre entierement asseurez de leur routes) en 32.
Rumbs, qui leur noms acquierent desdicts quatre vens
principaux. Aussy sont ils sur tous autres, hantans la mer,
dignes de louenge, pour ceste leur industrieuse & bonne
subdiuision : veu que tous les Pilotes de nostre téps, tant
Italiens, Espagnolz, Portuguez, que François, Escossois
& Anglois vient maintenant ceste subdiuisió des vents en
leur donnant les noms, seló la proprieté de nostre langue
Flamende, disant en lieu de Noorden, *Nort*: de Suyden,
Sud ou *Sur*: de Oost, *Est*: de VVest, *Oëst*, & consequam-
ment des autres. Car le mot VVest ne peuuent ilz escrire
en leur langage naturel, pource qu'ilz n'ont en leur Al-
phabeth ceste lettre. VV. que les Grecs appellent Digam-
ma AEolicum. A tant vous suffira ce discours des vens,
car de mettre noz 32. Rumbs au long, ce seroit superflu,
d'autant qu'ils sont à tous plus que connus.

De la Calamite, Bossole, & du Nortester, & Nortoëster des aiguilles. Chap. III.

LA Calamite ou Aimant, s'appelle en Latin Ma-
gnes, du nom de celluy (comme dict Pline) qui
premieremétl'a trouué. Dioscordies parlant des
pierres & de leur vertus, enseigne le moyen de connoistre
la bonne Calamite. Celle (dict il) qui facilement attire le
fer, qui est solide & pas trop pesante, ayant la couleur de
fer, en tirant sur le pers, est la meilleure. La cause que l'Aimant attire le fer est, que l'esprit du fer & acier est en luy
enclos. Paracelse enseigne yn grand secret d'augmenter en

Plin. li.
36.
Lib. 5.
cap. 93.
De Me-
dicinali
materia

Aureo-
lus

B   decuple

decuple ſa force & vertu, dont i'ay veu aucune experience,
& le moyen eſt tel : Mettez l'Aimant en feu de charbon,
tant qu'il ſoit bien chaud, ſans rougir: eſtaindés le en huyle de Crocus Martis, afin qu'il boiue à ſouffiſance de ceſte
huyle, laquelle l'inueſtira de telle vertu & efficace (comme
declaire ledict Paracelſe) qu'on en pourra arracher vn
clou d'vne muraille.

D'autre part doibt on auſſy ſauoir, ce qui mortiſie la
vertu de l'Aymant, qui ſont, ſelon l'opinion d'aucuns,
les Aulx, cōbien que l'experience demonſtre le contraire.

Paracelſe dict que le fer & Acier n'ont ennemy plus grand
que l'Argent vif. Parainſi qui plongeroit l'Aimant (qui
contient en luy l'eſprit du fer & d'acier) en huyle d'Argent
vif, voire tant ſeulement l'oindroit d'Argent vif, l'amor-
tiroit tellement que de la en auant il ſeroit priué de ſa
premiere vertu attractiue. Outre ceſte ſuſditte, & pluſieurs
autres vertus, a l'Aymant à ſes deux bouts vne autre fort
ſinguliere & neceſſaire proprieté de monſtrer le Nort &
Sud, dont les aiguilles des Compas & autres empruntent
leur vertu, comme à vn chacun eſt aſſez notoire: Parainſi
quiconque frotera l'aiguille auecque le Nort de ceſte pierre, doibt ſur tout prendre garde, que la poincte de l'aiguille qui eſt fermée deſſouz la Roſe, ſoit tréſnette & pure: car
tant plus ſera nette, tant plus ferme y imprimera l'Aymant
ſa vertu.

En tous Compas vulgaires n'eſt le bout du Nort de laditte aiguille d'acier, affermi preciſement deſſouz la fleur
de lis, mais on le met ordinairement declinant quaſi vn
Rumb du Nort à l'Eſt, veu que l'Aimant, principalemét
en ces païs, decline autant du Nort à l'Eſt.

B

Or

Or pour declarer la cause de ceste declinaison du Nort
à l'Est, & aucunesfois à l'Oëst, il est à noter que les gens doctes en parlent diuersement. Hierosme Cardan grand
Mathematicien & tré-docte Medicin, declaire qu'il n'y a
autre raison, de ce froter auec l'Aymant au Compas, tou-
iours 5. degrez (qui est quasi vn demy Rumb) du Nort à
l'Est, sinon pource que l'Aymant tousiours suit vne certaine mine, laquelle regarde l'estoille du Nort qui tou-
siours se leue declinant 5. degrez du Nort à l'Est. *Lib. 7. de Sub-til.rerū.*

Ceste opinion est en partie veritable, & en partie non:
car quant à ce que l'Aimant suit vne certaine mine, comme sa propre source, cela se trouue par experience veritable: mais que ceste mine tousiours suiue à 5. degrez, le leuer
de l'estoille du Nort, ainsi que l'Azimuth de ceste estoille
est dessouz son Pole de Milan, cela n'est pas vray-sembla-
ble, car tant plus que le Pole du monde est esleué, tant plus
grand sera trouué son Azimuth: toutesfois il veult tousiours tenir la declinaison seulement à 5. degrez, laquelle en
diuers lieux d'Italie se treuue à 10. & 11. degrez & d'auátaige.

Le mesme Cardan dict en son liure de proportionibus,
que ceste declinaison procede de la diuersité du centre de
la terre, au centre du mõde, & prend la mesme declinaison
de 9. degrez: mais ce qu'il y a à dire sur cecy, sera demonstré en autre lieu.

Martin Cortez est d'autre opinion, disant: quand on est
dessouz le Meridien du lieu, ou l'Aimant monstre iustement le Pole du monde, on imaginera au ciel vn poinct
actractif vers lequel l'Aimant tire, & ce poinct viendra dessouz le Pole: & veult ainsi defendre son opinion:
mais où ce poinct est constitué au ciel, & combien il *Lib. 3. de la sphere & nauiga-tion.*

eſt diſtant du Pole, ne dit il pas, laiſſant ainſi ſon opinion aſſez ſotte imparfaicte, & ſans aucune demonſtration.

Liu. 6.
chap. 3.
4. 6.
Pierre de Medina grand Pilote du Roy d'Eſpaigne ſur les Indes Occidentales, dict qu'il n'y a aucune raiſon pour demonſtrer le Norteſter & Nortoëſter des aiguilles en la boſſole: mais que c'eſt vne ſotte preſomption des rudes Pilotes. Et conclud, qu'on ne peut proprement ſçauoir ſi l'aiguille au compas marinier decline du vray Pole (lequel touſiours eſt inuiſible) ou non, en quoy il s'abuſe ſemblablement.

Les anciens Pilotes de ces païs bas, penſent que l'acier eſt mis vn demy Rumb declinant de la fleur de lis à l'Eſt, affin que quand ils nauiguent la mer Oceane, & approchét la France ou l'Eſpaigne, ou les ondes de la mer les pouſſent trop vers les coſtes, deſorte qu'ils ne peuuent tenir la vraye route, ils penſent qu'on remedie cecy par ce demy Rumb, mais ils ſont auſſy abuſez: Car le treſdocte Mathematicien & treſexcellent Geographe, Gerard Mercator rend meilleures & auſſi plus viues & naturelles raiſons que les ſuſdits, en diſant, qu'vn Pilote bien expert & exercité, nommé François de Diepe, à trouué par experience, que ceux qui ſont és iſles des Aſſores, S. Marie & S. Michiel, treuuét que les aiguilles n'y declinent aucunemét à l'Eſt ou Oëſt. En noſtre païs trouuons la declinaiſon à 9. ou 10. degrez: Par ainſi ledict Mercator faict vne concluſion, principalement par la declinaiſon de l'aiguille par luy trouué en Ratisbonne, que le Pole de l'Aimant doit eſtre mis au Meridien, qui paſſe par deſſus les iſles des Aſſoires (autrement dittes les iſles Flamédes) & deſſus les iſles de Cabo Verde, nommez Bonauiſta & Mayo, à 16½. degrez de l'autre coſté du Pole du monde.   Car

Car ledict Mercator dict qu'il y a vne grande roche &
mine d'Aimant, vers laquelle s'enclinent tous les autres
Calamites. Le mesme semblent approuuer les tresexcel-
lentes cartes marines de Bartholomeus Velius Geographe
du Roy de Portugal, qui semblablement constitue son
premier Meridien aux isles des Assoires, & non dessus
l'isle de Corno, comme aucuns veullent.

Qui semble estre la cause que les Cosmographes modernes constituent la longitude des regions & villes, 5. degrez plus auant, qu'icelle de Ptolomeus & autres anciens
est annotée: veu que le Meridié des isles de Canarie qu'on
dit fortunées, (dont les anciens commencent à conter la
longitude) est enuiron 5. degrez plus Oriental que ce dernier trouué Meridien des Assoires & de l'Aimant.

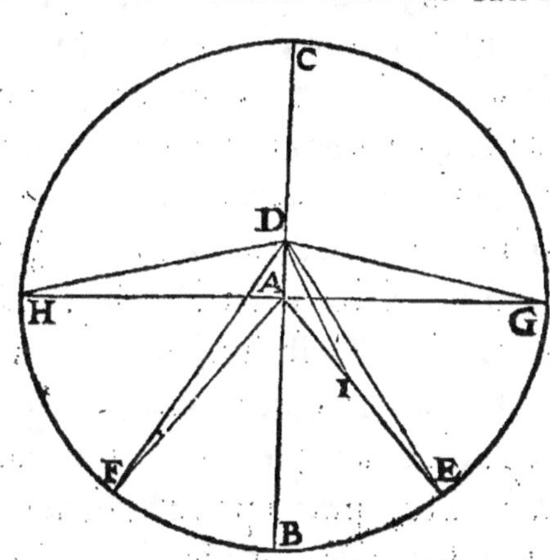

Or pour demonstrer
par deliniation ces deux
Poles, asçauoir celuy du
monde & de l'Aimant,
auec tout ce qu'en depéd:
Posez que *A.* soit le Pole
du mode au Nort, le Me-
ridien passant les susdittes
isles des Assoires, *B.C.* celuy qui est en *B.* trouuera
que l'aiguille du compas
monstrera le vray Pole du monde, pource que le Pole du
monde *A.* est iuste au Rumb de l'aiguille, qui s'encline
vers le Pole de l'Aymant *D.* & la distance entre *A.* & *D.* est
16½. degrez: par ainsi tant que le nauire nauiguera souz le
mesme Meridié des Assoires *B.A.D.C.* l'aiguille (qui s'en-

cline vers ſa mine ou Pole *D.*) monſtrera auſsi le Pole du
monde. Mais ſi aucun delaiſſant ledit Meridien nauigue
vers Eſt, & vient (comme par exemple) iuſques en *E.* l'aiguille declinera auſsi du vray Pole du monde, & du Nort
à l'Eſt. Car eſtant en *E.* voſtre ligne droicte du Nort eſt
E.A. mais l'aiguille s'encline vers ſon Pole à main droicte,
ou à l'Eſt, dont s'enſuit que la declinaiſon de l'aiguille eſt
à l'Eſt, autant que l'angle *A.E.D.* monſtre. Pareillement ſi
aucun ſe depart de ce Meridien des Aſſoires *B.* & nauigue
vers Oëſt, comme en *F.* l'aiguille declinera ſemblablemét
Oëſt, pource que la droicte ligne *F.A.* monſtre le vray
Nort, mais l'aiguille au compas marinier tirant comme
deſſus vers ſon Pole *D.* declinera à l'Oëſt en *F.D.* ſelon la
quantité de l'angle *A.F.D.* Brief, l'aiguille monſtre ſouz
le Meridien des Aſſoires, ſeulement le vray Pole, mais ſi
vous vous deuoyez d'icelluy à l'Eſt, l'aiguille declinera pareillement à l'Eſt, iuſques à ce que viendrez à l'autre coſté
du Meridien en *C.* & la plus grande declinaiſon ſera au
quart de la parallele, à ſçauoir en *G.* Au contraire, ainſi que
nauigués en vous departant dudit Meridien à l'Oëſt, la
declinaiſon de l'aiguille ſera auſsi à l'Oëſt, iuſques a ce que
viendrez audict poinct *C.* dudict Meridien, & la plus grá-
de declinaiſon ſera ſemblablement au quart de la parallele en *H.* Car ainſi que la declinaiſon peu à peu s'augmente
de *B.* en *G.* ou en *H.* de meſme ſorte decroiſt icelle de *G.* ou
H. en *C.* de maniere que la declinaiſó eſt nulle au poinct *C.*
   De ceſte conſideration de Norteſter ou Nortoëſter de
l'aiguille, enſuit donques que quand deux villes ſont ſouz
vn meſme Meridien, que celle qui plus approche le Pole
du Nort, à plus grande declinaiſon, que l'autre qui eſt la
plus

plus diſtante. Mais pour le demonſtrer, ſoit en la figure precedente la ville plus proche du Pole *I.* & la plus diſtante *E.* aſsiſes toutes deux ſouz le Meridien *E.A.* or l'aiguille en *E.* monſtre le Pole de l'Aymant *D.* par la ligne *E.D.* & en *I.* le monſtre elle par la ligne *I.D.* Et par la doctrine d'Eucli-de, l'angle *A.I.D.* eſt plus grand & large que l'angle *A.E.D.* dont s'enſuit que l'aiguille declinera plus en *I.* que en *E.* Les declinaiſons de l'aiguille des Compas mariniers ſont donques fort diuers, & ſe changent ſelon l'aſsiette du lieu où lon eſt. Parquoy quand aucun voudroit ſauoir la de-clinaiſon de l'aiguille du lieu de ſa demeure, il doibt pre-mierement tirer ſur vne table bien polië ſa ligne Meri-dienne, par laquelle il cognoiſtra facilement, la vraye de-clinaiſon, que l'aiguille faict au Compas du vray Nort. Et combien que pluſieurs gens doctes ont enſeigné de tirer ceſte ligne Meridienne, toutesfois il n'y a autre que le docte Mathematicien Andrieu Schoner, qui enſeigne le vray moyen & fondement, dont il a faict vn diſcours ſin-gulier. Doncques ſelon ceſte reigle de Mercator, ſeroit la declinaiſon des aiguilles en la ville d'Anuers (comme on peut compter *per tabulas ſinuum*) enuirõ 9. degrez du Nort à l'Eſt, ce que par experience ie treuue veritable.

　Aucuns Pilotes eſtans à Terre-neuue, & voyants l'eſtoil-le du Nort au Nordeſt en eſtoient fort eſmerueillés, ne ſçachants la cauſe de l'abus: laquelle eſtoit pour ce que le Compas dont ils ſe ſeruirent pour lors à compter leur Rumbs, eſtoit compoſé Norteſtant, lequel deuoit Nort-oëſter, pource que Terre-neuue eſt Occidentale des Aſſoi-res, comme par la figure precedente peut eſtre mieux entendu.

　　　Pluſieurs

Pluſieurs autres choſes ſemblables de ce Norteſter &
Nortoëſter des aiguilles pourroit on reciter, deſquels n'en
fairons plus aucune mention, par ce que les mariniers les
iugeroient inutilles. Mais pour conclure la conſideration
de ces Compas maronniers, i'en diray mon opinion, laquelle par l'aduis de tous les Pilotes bien exercités eſt,
qu'on doibt auoir bon eſgard à la Carte marine & au Cô-
pas maronnier qu'on vſera en nauiguant, à ſauoir, que l'aiguille decline iuſtement autant, qu'elle eſtoit faicte decli-
nante de celuy qui a faict voſtre Carte marine, & par ainſi
vous n'encourerez en aucune faute: car, comme deſſus eſt
dict, l'experience paſſe en ce beaucop la ſcience, par ce que
ceſte choſe de mer ne peut eſtre encores ſi facilement re-
digée à quelque reigle generale.

Des Cartes marines & de ce qu'en depend.
Chap. IIII.

A maniere de commencer & parfaire les Cartes
marines auecque leur Rumbs, ports, caps, riuieres,
bancqs, & choſes ſemblables, eſt amplement aſſez
enſeigné par Pierre de Medina, Gaultier Rijff, Martin Cortez, & autres, de ſorte que ie declareray icy tant ſeulement
aucuns poincts principaux, & neceſſaires à conſiderer en
icelles. Il eſt à vn chàcun plus que notoire (principalemét
à ceux qui entendent les fondemens & principes de la
Coſmographie,) que la mer eſt conuexe ou boſſue, à cauſe
de la rondeur de la terre, de ſorte qu'il ſemble impoſsible,
de pouuoir deſcrire ou delinier la mer auecques ſes depen-
dences en plaine eſtendue en la carte marine. Le Prince
des Geographes Claudius Ptolemæus, de tout le ſuſdict, a
donné

donné inſtructions treſcertaines, leſquelles par Ian Verner, Pierre Apian, & pluſieurs autres, ſont aſſez amplemét commentées, mais qu'eſt-ce? ceſte leur deſcription, n'eſt aucunement à comparer aux Cartes marines que nos Pilotes compoſent & vſent maintenant. Car Ptolomeus, pour delinier le monde en plaine eſtendue, pourſuit par la proportion des paralleles, conſtituant chàcune d'elles ſelon leur deuë grandeur: mais nos Pilotes ſans auoir à ce aucun eſgard, ordonnent les Paralleles par tout d'vne meſme grandeur, leſquelles toutesfois declinans de l'Equinoꝗial vers les deux Poles petit à petit decroiſſent, de telle ſorte qu'à la fin eſtans au Pole viennent à rien: ce qui cauſe vn œuure imparfaiꝗ & mal ordóné. Or pour exemple, poſé le cas que deux nauires ſe partent egalement de deux ports diuers, ſituez ſouz l'Equinoꝗial, nauiguans egalement Nort, ou Sud, iuſques à ce qu'elles ſont venues ſouz la parallele, ou hauteur du Pole de 60. degrez, ou icelles ſeroient, ſelon la Carte marine, autant eſloignées l'vne de l'autre, commes elles eſtoiét és lieux de leur depart de l'Equinoꝗial, ce que toutesfois differe exaꝗemét la moitié: car elles ne ſerót ſeparées que la moitié de ce qu'elles eſtoient au departir: par ce que la parallele de 60. degrez n'a de grandeur que la iuſte moitié de l'Equinoꝗial, ce que facilement peut eſtre entendu par la rondeur de la terre & de la mer. Parainſi il appert que les regions ſont imparfaictement deſcrites aux Cartes marines, voire aucunefois ſont elles marquées deux fois ſi grandes & d'auantaige qu'elles ne ſont. Mais on diꝗ qu'il n'y a choſe plus puiſſante que la couſtume. Parquoy combien qu'on vouldroit maintenant ſur ce ordóner quelque autre reigle ſeure & certaine,

C les

les Pilotes ne la voudroient si tost accepter, par ce qu'ils ne voudroient changer leurs coustumes anciennes.

Qui est cause que ie m'en deporte d'en escrire plus amplement, les admonestant tant seulement de vouloir bien peser les poincts, qui doibuent estre bien entendus és Cartes marines : à sçauoir, qu'ils sauent promptement noter en ladicte Carte les demy points fixes, dont l'vn signifie la place d'ou ils se departent, & l'autre ou ils pretendent d'arriuer.

Puis le tiers poinct mobile, ou ils arriuent iournellement : par lequel ils sauent ordonner leur route, eslire le vent idoine, & comter les lieuës de leur nauigation. Mais d'autant que tout cecy est assez amplement declaré par Pierre de Medina, il seroit superflu d'en faire icy autrefois mention.

Combien que nous auons par cy deuant, en nostre edition flamende, discouru sommairement des cartes marines, il ne nous semble toutesfois hors du propos, d'en parler en ceste traduction françoise, vn peu plus amplement, d'autant que ie m'asseure bien que cela ne sera que tres-agreable à plusieurs, & singulieremét à ceux qui volontiers entendent le vray secret de ceste matiere.

Ie dy doncques (comme au parauant auons declaré) que les Pilotes s'abusent bien grandement, quand ils cuident que le cours des nauires se faict en la mer par voyes droictes, tout ainsi que les Rumbs des vents sont marcqués en leur cartes marines par lignes droictes. Car premierement ils doibuent entendre, que quand ils nauiguent vers le Nort, ou Sud, qu'ils demeurent tousiours au dessous d'vn grand cercle de la sphere, qu'on appelle, le Meridien.

Mais

Mais si quelqu'vn nauigue à l'Est, ou Ouëst, au dessoubs
de l'Equinoctial, il demourera semblablement tousiours
en ce grand cercle, ou bien s'il faict nauigation de l'Est à
l'Ouëst hors dudict cercle Equinoctial, il se trouuera aussi
tousiours soubs vn mesme cercle parallele, ou equidistant
de l'Equinoctial, selon l'eleuation du Pole, au dessoubs du
quel il faict sa nauigation. Et celuy qui (en delaissant
les quatre Rumbs principaux) faict sa nauigation par l'vn
des aultres Rumbs, il est certain que son cours sera en forme d'vn cercle imparfaict, qu'on appelle Ligne spirale. Car
lon doibt entendre que les Rumbs mis au Compas maronnier sont cercles grands de la sphere, lesquels on comprendra en ceste sorte: assauoir, que tout homme se tenant
droictement debout, a tousiours (en quelque place du
monde qu'il soit) son Zenith, ou poinct de coupeau directement sur sa teste. Et son cercle Meridien (passant par les
deux Poles du mode, & son Zenith ou point de coupeau)
luy marquera en son horizon les vrays points de Nort &
Sud: Et à droict angle auec ledict Meridien viendra vn
aultre cercle passant sondict Zenith, lequel coupera le mesme horizon aux vrais points de l'Est & Ouëst. Et par ainsi
sera ledict horizon reparty és quatre quarts des vents ou
Rumbs principaux. Puis apres lon diuise vn chacun quart
de l'horizon en 8. parties egales, & du Zenith sont tirés des
cercles verticaux, menés à ces susdites diuisions de l'horizon, lesquels cercles repartiront l'Hemisphere visible en
32. Rumbs. Or si le poinct du coupeau, dit autrement Zenith, se change en infinies sortes auec son horizon, selon la
diuerse situatió de l'homme, il est certain que tous les autres Rumbs se changeront en la mesme sorte. Celuy donc-

C 2

ques

ques, qui nauigue vers le Nort ou Sud, change bié d'heure
en heure de Zenith, d'horizó, & de tous les autres Rumbs,
toutesfois il demourera touſiours deſſoubs le meſme cercle du Nord, ou Sud, qu'on dict Meridien, & pourra rea-
lement, & par effect arriuer aux propres poïnts de Nort, &
Sud, marqués en l'horizó de la place, dont il ſe partit premierement, lequel ne ſe peult faire par aucun des aultres
Rumbs. Et en pourſuiuant ceſte meſme route pourra à la
fin retourner (poſant le cas qu'il ſe puiſſe nauiguer) au meſme port, dont il eſt premierement party. Ceux qui nauiguent vers l'Eſt, ou Oueſt, ne peuuét iamais (comme dict
eſt) arriuer auec ces Rumbs, au vray point Oriétal ou Occidental, marcqué en l'horizon du lieu dont ils commen-
çoient leur nauigation. Toutesfois ils ont auſsi ceſte pree-
minence commune auec la nauigation de Nort & Sud,
c'eſt, qu'ils peuuent ſemblablement retourner (d'autant
qu'ils demeurent touſiours deſſous vn meſme parallele)
au port propre dont ils ont premierement faict voile.
Lequel ne ſe peut faire par aucun des aultres Rumbs, car
comme cy deſſus auons dict, tous les cours deſdits Rumbs
ſe font par certaines voyes tortues, qu'on nomme lignes
ſpirales, deſquelles la fin ne conuient auec ſon commencement. Or pour mieux comprendre la raiſon de ces lignes ſpirales, enſemble tout ce que nous auons dict cy deſſus des quatres Rumbs principaux, ſi prendrons la figure
enſuiuante, en laquelle ſoit *A.* le Pole arcticque, *B.A.C.* le
cercle Meridien, *B.D.C.E.* le cercle Equinoctial tiré hors
ledict Pole *A.* auec les aultres cercles paralleles ſelon leur
place conuenable.

                                                    Et

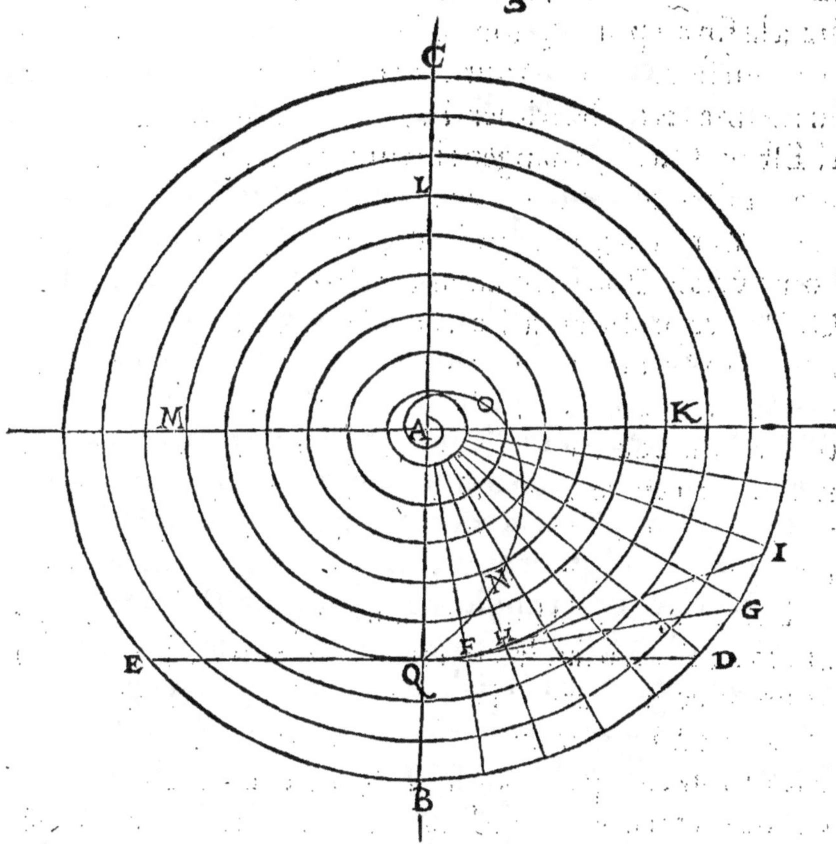

Et prenons le cas qu'vne nauire soit en *Q*. à l'eleuation
du Pole de 30.degrez, son Zenith sera dõcques *Q*. son point
de Nort vers *A*. & celuy du Sud vers *B*. mais le poinct de
l'Est sera en *D*. & de l'Ouest en *E*. en la ligne *D*.*Q*.*E*. laquelle vient à droict angle auec le Meridien *B*.*A*.*C*. Or si ladicte nauire nauigue vers le Nort, icelle voguera premierement auec vn vend du Sud, tant qu'elle vienne au Pole *A*.
& de là passera vers le Sud, auec vn vent de Nort, iusques à
tant qu'elle sera venuë au Pole antarctique: ce fait retournera, auec vn vent de Sud, vers le Nort, & par ainsi reuien-

C 3 dra

dra à la fin au port *Q.* dont elle eſtoit premierement partie, ayant faict vn tour tout autour du monde, au deſſoubs
du meſme cercle Meridien *B. A. C.* Or ceux qui nauiguét
à l'Eſt ou Oueſt, changent incontinent de Meridien, en
venant d'heure à autre à vn nouueau Meridien, tous leſquels Meridiens, ou Rumbs de Nort & Sud, tendent touſiours vers les Poles, & d'autant que tout voyage de l'Eſt ou
Oueſt, tire touſiours à droict angle auec chacun Meridien
au deſſoubs duquel ils ſont venus, il s'enſuit doncques
qu'il leur faut touſiours demourer & nauiguer tout alentour du Pole en vn cercle deſcript hors le meſme Pole cóme de ſon centre. Et par ainſi ceux qui nauiguent auec vn
vent d'Eſt ou d'Oueſt, pourront nauiguer tout à l'en tour
du móde & retourner au meſme port d'ou ils ſont party.

Soit doncques la ſuſdite nauire au port *Q.* pour nauiguer vers l'Eſt, il faudroit premieremét qu'icelle print ſon
cours, auec vn vent d'Oueſt, vers *D.* au long de la ligne *Q. D.*
laquelle eſt à droict angle auec le Meridien *B. A. C.* mais
elle n'eſt ſi toſt partie du port *Q.* qu'elle ne ſe trouue au
deſſous d'vn nouueau Meridié *A. F.* duquel le vray poinct
Oriental eſt en *G.* partant elle deuroit reprendre ſa route
vers le poinct *G.* ſelon le Rumb *F. G.* mais auſsi toſt qu'elle
recómence à ſe partir du Meridien *A. F.* elle vient à vn aultre, cóme au Meridien *A. H.* duquel le vray point de l'Eſt
ſera vers *I.* & pour reprendre, comme au parauant, ſon
cours Oriental, il faut qu'elle nauigue de *H.* vers *I.* mais
elle n'eſt à grand peine partie de *H.* qu'elle ne ſe trouue
derechef au deſſous d'vn aultre Meridié, lequel la renuoye
(comme les ſuſdits) à vn aultre point d'Orient, la faiſant
ainſi (par ceſte tant ſubite & cótinuelle variation des Meridiens)

ridiens)virer & tourner tout à l'entour du Pole, comme en
vn cercle, parallele auec l'Equinoctial, duquel cercle parallele, ledit Pole, en est le centre. Dont aduient, que ladite nauire, ayant passé les points *F.* & *H.* reuiendra à la parfin, par
les points *K L.* & *M.* iusques en *Q.* dont elle estoit partie.

Mais si quelqu'vn se partit de *Q.* en delaissant ces quatre Rumbs principaux, & print (posé le cas) sa route par le
Rumb de Nort Est, ie dy que le mesme (à cause qu'il doibt
tousiours prendre son cours, entre le Pole *A.* & le vray
poinct Oriental du lieu ou il se trouue) s'approchera peu à
peu dudict Pole, en venant d'heure à autre à des noueaus
Meridiens, desquels il se parte aussi incontinét, en prenant,
comme au parauant, tousiours son chemin par le milieu
entre sondict nouueau Meridien, & le cercle parallele du
lieu où il sera venu. Partant, quand ladite nauire se part de
Q. ne tenant la voye du Meridié *Q A.* ains se bouge dudict
Meridié vers la main droicte entre le Rumb de Nort *Q A.*
& celuy de l'Est *Q D.* il sera certain que son cours ne sera
pas droict comme celuy de *Q* en *A.* ny aussi parfaictement
rond comme celuy du parallele *Q K.* &c. mais trouuera
que sondict chemin sera composé du droict & rond. Lequel chemin, pour la continuelle variation de Meridien
& cercle parallele s'apparoistra, en forme d'vne ligne spirale, comme la ligne tortue *Q N O.* le démóstre. Et le semblable luy aduiendra par tous les autres Rumbs collateraux aux quatre principaux: combien qu'aucuns desdits
Rumbs seront plus droits, les vns que les aultres: à sçauoir
ceux qui sont plus proches du Rumb de Nort & Sud seront les plus droits, & au contraire les autres qui sont pres
du Rumb de l'Est, ou Ouest tireront plus sur la forme róde.

La predicte nauire doncques, estant partie du poinct Q. poursuiuant ledict Rumb du Nort-est Q N O. s'approchera bien peu à peu, du Pole A. mais elle ne pourra iamais arriuer à iceluy, veu que persône ne peut venir au dessoubs des Poles, que par le Rumb de Nort & Sud. Et à cause que ladicte nauire se tourne peu à peu vers ledict Pole A. au lôg de la ligne spirale Q N O. il est certain qu'icelle ne pourra nauiguer aultant delà le Pole A. comme elle en estoit au parauant deça, quand elle estoit en Q. dont s'ensuit que ladicte nauire ne pourra iamais tourner à l'entour du mô-de, n'y reuenir au poinct dont elle se partist premieremét. Or de tout le deduict de dessus, prendrons trois conclu-sions, dont la premiere est du voyage de Nort & Sud, du-quel ie dy, qu'à cause qu'iceluy se faict au dessoubs du Me-ridien, qui est grand cercle de la Sphere, passant les deux Poles, que ceux cy seulement (nauiguans par le susdict Rumb) peuuent venir au dessoubs des Poles, & contour-ner tout à l'entour du monde, de sorte qu'il leur seroit possible (s'il y auoit mer nauigable) de retourner au mes-me port dont ils estoient partis.

La seconde conclusion est, que ceux qui nauiguent le Rumb de l'Est ou Ouëst, demeurent tousiours egalement distants du Pole, & peuuent semblablement nauiguer à l'entour du monde, soubs le cercle parallele de l'Equino-ctial, & retourner au mesme poinct dont ils sont partis. Lequel cercle parallele, sera grand ou petit selon qu'iceluy sera distant de l'Equinoctial, de sorte que nulle nauigatió de l'Est & Ouëst pourra faire vn tour, tout alentour du monde, sinon celle qui se fera soubs l'Equinoctial, veu que toutes les aultres, seront tousiours moindres, pour

autant

autant qu'icelles auront grande diſtance de l'Equinoctial.

.La tierce concluſion dict., que quand quelqu'vn tient vn autre Rumb qu'vn des quatre principaux, qu'iceluy s'approchera bien peu à peu d'vn Pole, mais qu'il n'y arriuera iamais, ſemblablement il pourra nauiguer tout alentour du Pole, mais ce ſera par diſtance inegale, car eſtant venu à l'autre coſté dudit Pole, il y ſera plus prés qu'il ne fut premierement quand il eſtoit deça le Pole. De ſorte qu'il ne peult iamais retourner au port dont il fut party.

Or ayant bien entendu ces proprietés des Rumbs, il ſera aiſé de cognoiſtre les imperfections des Cartes marines, auec tout ce qui en depend. Car premierement les cours de tous les Rumbs, qui eſdites Cartes ſōt tirés & deſcripts par lignes droites, demonſtrēt qu'auec vn chaſcun Rumb lon pourra nauiguer tout à l'entour du monde, & retourner au meſme port dont on ſera party. Lequel Pierre de Medine & ſon traducteur & augmētateur Nicolas de Nicolai, afferment pour choſe veritable, au 6. chapitre du 3. liure de l'art de nauiguer, quand ils diſent: *La nauigation par les autres vens eſt en ceſte maniere: Si vn nauigant au Nord'eſt, fait le tour en tout le monde, allāt touſiours par le meſme Rumb, retournera par le Sudoëſt, au lieu dont il eſt party: & le meſme ſe tiendra par le contraire: & au ſurplus, on doibt tenir le compte comme deſſus. Ie dy le meſme de la nauigation de Sudeſt, qu'il retournera par le Nortoëſt, &c.* Ce que nous auons toutefois demonſtré eſtre impoſsible à faire par autre Rumb, que par vn des quatre principaux.

D'auantage quand ils mettent les paralleles de l'Equinoctial par tout egaux, cela leur cauſe vne deſcription des terres treſ-imparfaicte & inegale, en mettant à la fois vne

D

region

regió la moitié plus grande qu'icelle n'eſt de par ſoy meſme, comme nous auons par cy deuant demonſtré par exemples conuenables. Semblablement ceux qui nauiguét
à l'Eſt ou Oueſt à l'entour du monde ſoubs le parallele
de 60. degrez du hauteur du Pole, ferioñt (ſelon la meſure
deſdites Cartes) autant de chemin & voyage que ceux qui
veulent faire vn tour autour du monde ſoubs le cercle
Equinoctial, lequel toutefois en ferioñt bien deux fois autant de chemin que les premiers, veu que la circóferéce de
l'Equinoctial eſt double à celle du parallele de 60. degrez.

Et combien que nous pourrions icy mettre en auant
vn nombre infini, de ces & ſemblables fautes, qui cauſent
les Rumbs mis aux Cartes marines en lignes droites, nous
les obmettrons toutefois pour le preſent, en attendant la
commodité du temps pour en trouuer quelque reigle plus
parfaicte & commodieuſe. Car quand a ce, que le grand
Mathematicien Pierre Nunnez, en ſon liure des obſerua-
tions & regles geometricques, y veult mettre ordre, ſi eſt
ce que nous ne voulons parler d'iceluy pour le preſent,
veu que toutes ſes imaginatiós ne ſont, pour la plus grand
part, que choſes peu praticables, & pour ceſte raiſon, de petite efficace pour les Pilotes.

Comme lon trouuera iournellement l'eleuation du Po-
le, par la hauteur du Soleil au midy . Chap. V.

Ierre Apian demonſtre, tant par figure que par eſ-
cript, au 8. Chap. de ſa Coſmographie, qu'en tout
lieu le Pole eſt touſiours eſleué deſſus l'Orizon, autant qu'eſt la latitude de la region du meſme lieu. Or la
latitude s'entend pour la diſtance qui eſt entre l'Equi-

noctial

noctial & le Zenith de ladite region. Parquoy quant le Soleil est en la ligne Equinoctiale (ce qui aduient deux fois
par an, à sçauoir enuiron l'onziéme de Mars, & 13. de Septembre) on prendra par le vulgaire Astrolabe marin, la
hauteur du Soleil au midy, esleuans & abbaissans la reigle mobile, iusques à tant que le rayon du Soleil passant
par le pertuis du pinnule superieur, rencontre iustement le
pertuis inferieur. Cela faict, on comptera au quadrant dudict Astrolabe commençant d'en haut les degrez, qui sont
entre le Zenith, & le degré touché du bout de la reigle mobile prés de la pinnule superieure, lesquels monstreront la
latitude de la region, ou eleuation du Pole. Or est ce que
le Soleil (excepté cesdicts deux iours) est tousiours ou dessus ou dessous l'Equinoctial, àsçauoir à ceux qui sont sous
le Pole Arctique, depuis l'onziéme de Mars iusques au 13.
de Septembre, dessus de l'Equinoctial, & depuis le 13. de
Septembre iusques à l'onziéme de Mars ensuiuant, desous
ledict Equinoctial: parquoy on donne aux Pilotes quatre
tables de la declinaison du Soleil, calculées par les Astronomiens, pour l'an de bissexte, & les trois autres ensuiuãs,
mais la plus grande declinaison du Soleil est tousiours en-
uiró le 12. de Iuin & 12. de Decembre, de 23½. degrez: de sorte
que le Pilote, n'a besoing d'autre chose pour sauoir à chàcun iour l'eleuation du Pole, que son Astrolabe vulgaire,
& les tables susdites de la declinaison pour les quatre ans.
Ayant doncques prins la hauteur du Soleil au midy, il
comptera au quadrant de l'Astrolabe, les degrez que la reigle mobile touche ou monstre, commençant (comme
dessus est dict) à comter de haut en bas, lequel nombre il
retiendra, & notera à part: Cela faict il entrera auecque le

D 2　　　　iour

iour du mois en la table de la declinaiſon ſeruante à l'an
courant, ou il trouuera les degrez & minutes que le Soleil
ſera decliné de l'Equinoctial: leſquels degrez & minutes ſe
doibuent ioindre au nombre ſuſdit (trouué par l'Aſtrolabe) quand il eſt ſouz le Pole Arctique, en cas que s'eſt entre l'onzieme de Mars & 13. de Septembre, & au contraire le ſouſtraire depuis le 13. de Septembre, iuſques à l'onzieme de Mars, dont le produit ou la reſte ſera la vraye
hauteur du Pole du meſme lieu. Mais ſi d'aduenture il
eſtoit ſoubs le Pole Antarctique, au lieu d'adiouſter les degrez & minutes de la declinaiſon ſuſditte, il les doibt ſouſtraire, & au contraire les doibt il adiouſter au lieu de ſouſtraire.

Ces tables de declinaiſon ſe trouuent imprimées à part
en vn petit traicté eſcrit en Flamen, intitulé *Graetboecxken
&c.* ou en l'art de nauiguer de Pierre de Medina: Neantmoins tous ces tables ſont calculées ſelon les anciennes
tables Aſtronomiques du Roy Alphonſe, qui regnoit enuiron l'an 1251. parquoy icelles ne peuuent pas parfaictement bien ſeruir pour le temps preſent, car la plus grande
declinaiſon du Soleil, qui alors eſtoit de 23. degrez, 33. minutes, eſt continuellement decrue, de ſorte que ne la trouuons maintenant ſinon de 23. degrez 28. minutes, comme
plus à plein ſera demonſtré en nos Theoriques des Planetes, qu'auons recueillies des tables de Copernicus & Eraſ-
mus Rheinhold. Neantmoins tous ges doctes pour la facilité comptent preſentement la plus grande declinaiſon
à 23. degrez 30. minut. côme auſsi Martin Euerart, ſuiuant
le meſme pied, a changé leſdittes tables en ſa traduction de
l'art de nauiguer de Pierre de Medine, leſquelles pourront

ſeruir

feruir à tous Pilotes fans le changer, pour plufieurs centai-
nes d'annees, comme par viues raifons fe peut demóftrer.

La Fabrique d'vn Aftrolabe vniuerfel, qui contient toutes les fufdittes tables de declinaifon. Chap. VI.

CE noueau Aftrolabe auons ordonné vniuerfel auecque fes tables de declinaifon, affin que les Pilotes (eftans en mer) ne feroient empefchés d'au-
cuns liures ou tables, ne auffi d'adioufter, ou fouftraire lefdits degrez & minutes.

Et pour la fabrique d'iceluy prendrons feulement vn
Aftrolabe commun, ayant les deux quarts du rond d'enhaut, diuifez felon la couftume en deux fois 90. degrez, en
commençant l'ordre des nombres de haut en bas. Et s'il
eft poffible on repartira chacun degré en quatre, affin qu'il
foit diuifé par quarts de degrez. Plus on fera la reigle mobile auecque les deux tablettes ou pinnules, mais à chacun
bout de cefte reigle fe mettra quelque planche en forme de
marteau, large à chacun cofté de la ligne moyéne de la reigle mobile, iuftemét 23½. degrez. L'vn de ces deux
bouts repartirés en deux fois 23½ degrez, cómençát
le nóbre au milieu de laditte ligne moyenne, afcendant &
defcendant, de telle maniere que le bord exterieur de ceft
arc de 23½. degrez, touche iuftement le cercle interieur des
degrez de l'Aftrolabe. Repartiffez femblablement s'il eft
poffible ces 23½. degrez par quarts, à caufe de la perfection.
Et par ainfi fera parfaict la premiere face de ceft Aftrolabe,
comme clairemét eft demonftré par la figure enfuiuante

La face premiere de l'Aftrolabe.

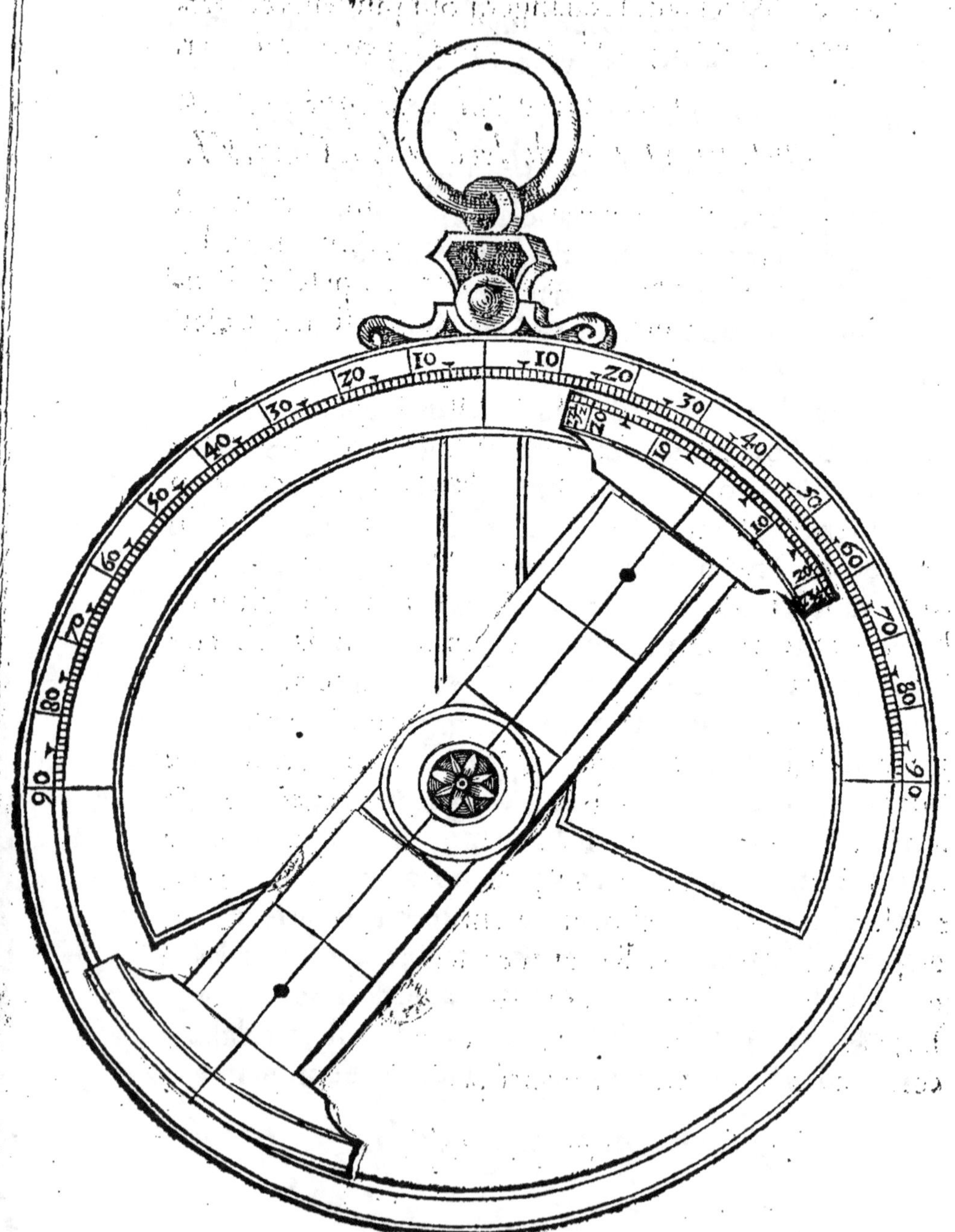
10 10
20 20
30 30
40 40
50 50
60 60
70 70
80 80
90 90

Pour la fabrique de la seconde face de cest Astrolabe, mettez premierement les quatre fois 90. degrez, subdiuisés par les douze signes du Zodiaque, selon la reigle commune des Astronomiens . Au dessoubs desquels mettrez les douze mois de l'an , selon quelques Ephemerides qui sont corrects , de l'an premier apres le Bissexte, comme les fabricateurs des instrumens Mathematiques facilement sauent ordóner. Cela faict, mettrez sous le cercle des iours, les degrez de la declinaison du Soleil , ainsi que les auons ordonné en la table ensuiuante, & ce seulement pour le premier quart du Zodiaque, à sçauoir , d'Aries iusques à Cancer, pour ce que la diuision de chacun des autres quarts , est semblable à celle du premier: à sçauoir, tout ainsi que le premier quart d'Aries iusques à Cancer est ordonné, semblablement doit estre ordonné celuy d'Aries iusques à Capricorne . Pareillement aussi les autres deux quarts, à sçauoir, de Libra à Capricorne, & de Libra iusques à Cancer, comme appert par la seconde face de l'Astrolabe.

Table de chacun degré de la Declinaison du Soleil, correspondant aux degrez du Zodiaque.

dec ☉	G. M.	
1	2. 32	Aries.
2	5. 2	
3	7. 35	
4	10. 7	
5	12.40	
6	15. 15	
7	17. 50	
8	20. 28	
9	23. 10	
10	25. 52	
11	28.40	
11½	0. 2	Taurus.
12	1. 30	
12½	2. 56	
13	4. 25	

dec ☉	G. M.	
13½	5. 55	Taurus.
14	7. 26	
14½	9. 0	
15	10. 33	
15½	12. 10	
16	13. 50	
16½	15. 30	
17	17. 16	
17½	19. 3	
18	20. 55	
18½	22. 50	
19	24. 53	
19½	27. 0	
20	29. 15	
20¼	0. 25	Gem.

dec ☉	G. M.	
20½	1. 35	Gemini.
20¾	2. 55	
21	4. 10	
21¼	5. 35	
21½	7. 0	
21¾	8. 35	
22	10. 15	
22¼	12. 0	
22½	14. 0	
22¾	16 12	
23	19. 0	
23⅛	20. 30	
23¼	22. 26	
23⅜	25. 5	
23½	0. 0	Can.

En ceste presente table sont à la main gauche les degrez de la declinaison de 1. iusques à 23 ½. ioingnant lesquels à main droicte sont les degrez & minutes du premier quart du Zodiaque, correspondans aux degrez de la declinaison. Or pour mettre ces degrez de la declinaison sur l'Astrolabe, il est à considerer que le premier degré de la declinaison respód en laditte table à 2. degrez 32. minutes d'Aries. Fabriquez doncques l'indice ou la reigle mobile, qui se tourne sur le centre de l'Astrolabe, laquelle menée sur lesdits 2. degrez & 32. minutes d'Aries, & y marqués iustemét au cercle de la declinaison (qui est dessous le cercle des iours) ce nombre. 1. laquelle respondra aussi à 13¼. iour de Mars, signifiant que à 13¼ de Mars, (le Soleil estant à 2. degrez 32. minutes d'Aries) la declinaison du Soleil sera vn degré.

degré. Cela faict tournés laditte reigle sur 5. degrez 2.mi-
nutes d'Aries, & marqués derechef au cercle de la declinaison ce nombre 2. lequel poursuiurés iusques à $23\frac{1}{2}$ degrez, comme les tables demonstrent, qui sera iusques au
commencement de Cancer. Et comme ce premier quart
de la declinaison est reparti, ainsi repartirés (comme des=
sus est dict) les autres trois quarts, & sera l'Astrolabe par=
faict, comme par la figure ensuiuante est demonstré.

*La Figure de la seconde face
de l'Astrolabe.*

E

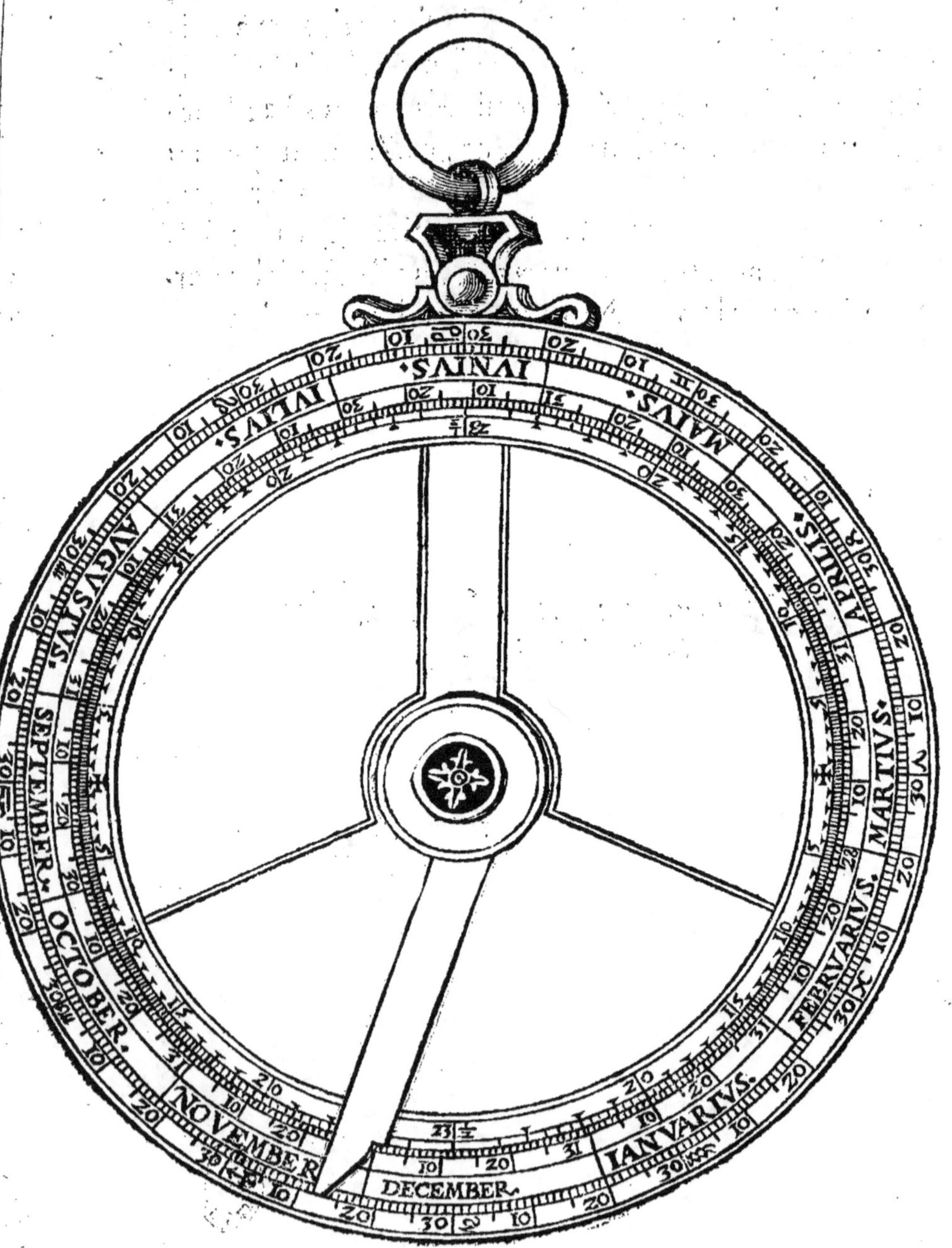

De l'vsage de l'Astrolabe susdict. Chap. VII.

POur trouuer doncques iournellement par cest Astrolabe au midy la vraye eleuation du Pole de vostre lieu, tournés la reigle de la seconde face de l'Astrolabe, sur le iour du mois, & la tenant ferme, vous monstrera au cercle de la declinaison, la vraye declinaison du Soleil de ce iour. *Notés.*

Que ceste sera la vraye declinaison du Soleil, s'il est au premier an apres le bissexte.

Mais s'il est au secód, mettés la reigle pour tout cest an à $\frac{1}{4}$. iour moins qu'il n'est, & vous aurés la vraye declinaison.

S'il est au tiers an, mettés la pour toute l'année laditte reigle, à $\frac{1}{2}$. iour moins, & icelle te monstrera la vraye declinaison.

Mais s'il est an de bissexte, mettés la reigle à $\frac{1}{4}$. d'vn iour moins, à sçauoir du premier iour de l'an, iusques au premier de Mars: mais apres le premier iour de Mars, mettés la reigle iusques à la fin de l'an à $\frac{1}{4}$. de iour plus auant qu'il n'est (à cause du 29. iour de Feburier) & ainsi aurez tousiours la iuste & vraye declinaison.

Quand vous auez la vraye declinaison du Soleil de ce iour, notés la à part: & prenés par la premiere face de l'Astrolabe la hauteur du Soleil, comme dessus est enseigné: aprés, si vous estes en l'Orizon Septentrional, comtés au bord de la declinaison, qui est au bout de la reigle mobile auecque les pinnules, la dessus reseruée declinaison, en cómençant dés la ligne moyéne en descendant, s'il est entre l'onziéme de Mars & le 13. de Septébre, ou en ascendát, s'il est entre le 13. de Septembre & l'onziéme de Mars; le

 point

point où ce nombre termine vous enſeignera au quart de
l'Aſtrolabe la vraye eleuatió du Pole du lieu ou vous ſerez.

Mais ſi lon ſe trouue à l'Orizon Antarctique, il faudroit
alors beſoigner tout au contraire: à ſçauoir, comtez la declinaiſon aſcendante au lieu de la comter deſcendante , &
au contraire deſcendante pour aſcendante, comme par les
principes de l'Aſtronomie eſt aſſez notoire.

Pour trouuer à châque heure du iour la hauteur du
Pole , par vn inſtrument rare & nouueau , de
noſtre inuention. Chap. VIII.

CEſte pratique laquelle iuſques à preſent a eſté incognue aux Pilotes , eſt vne des reigles plus neceſſaires qu'on leur doiue communiquer, veu
qu'il aduient bien ſouuent, que le Soleil ne ſe monſtre au
midy, mais bien deuant ou aprés. Et combié qu'il ſemble
que ce peut eſtre faict par l'inſtrument de Ptolomeus,
qu'ó appelle Meteoroſcope, qui eſt deſcrit par le treſdocte
Mathematicien Ian de Mont-royal, toutesfois pour pluſieurs raiſós on ne s'en peut ſeruir ſur la mer. Séblablemét
Martin Cortez a ſur le meſme pied voulu ordonner vn
autre inſtrument, lequel comme ceſt autre, eſt à ce inutile.

Parquoy, pour ſuruenir à tous Pilotes par la Mathematique; i'ay nouuellement inuenté vn inſtrument rare &
ſingulier, lequel pour ſa forme & vſage peut eſtre appellé
Hemiſphærium Nauticum, c'eſt à dire, l'Hemiſphere marin:
Par lequel lon peut trouuer par tout à châcun' heure du
iour, nó ſeulemét la hauteur du Pole, mais auſsi l'heure du
iour, ſás la cónoiſſance de la hauteur du Pole. Et la fabrique
d'iceluy inſtrument ſera declarée au Chapitre enſuiuant.

La Fabri-

La Fabrique de l'Hemisphere Marine.
Chap. IX.

Remierement en ceſt inſtrument eſt vne table ronde & plaine, laquelle nommerons l'Orizon, & ſera marquée de quatre fois 90. degrez: ſemblablement ſera ſur icelle ordonné vn Compas marinier, comme appert par la figure ſuiuante, mais prenés garde que la declinaiſon de l'aiguille du Compas ſoit bien iuſte, ou bien, ordonnez la generale, pour la cauſe par nous deduite au 3. Chap. Sur ceſte table Orizontale eſt erigé orthogonalement le demy cercle Meridien, paſſant par le Nort & Sud, & au Zenith duquel eſt affiché vn armille ou anneau auec l'anſe, comme lon met communement aux Aſtrolabes.

Plus y auez le demy cercle Equinoctial, tournât ſur deux petis gonds, mis en l'Eſt & Oueſt de la table Horizontale, & iceluy eſt diuiſé en 180. degrez, & auſsi en deux fois 6. heures. Au meſme Equinoctial auez en la partie interieure, le petit arc de la declinaiſó du Soleil, qui ſe coule à droict angle auec ledit Equinoctial, auquel ſont mis les 23$\frac{1}{2}$. degrez en aſcendant, & autres 23$\frac{1}{2}$. degrez en deſcendant, declinans de l'Equinoctial.

Pour le dernier y auez le demy cercle d'Altitude auec ſon indice, ou reigle mobile & pinnules: lequel ſe tourne ſur deux points, dont celuy de deſſus eſt au Zenith du demy Meridien, & l'autre au centre de la table Orizontale: lequel demy cercle aura ſes deux quarts diuiſés en deux fois 90. degrez. Et cela vous ſuffira des parties & fabrique de ceſt inſtrument, laquelle ne touche pas beaucoup aux

 Pilo-

Pilotes, mais plus toſt à ceux qui ſçauent fabriquer les inſtrumens de Mathematique. Parquoy mettrons icy tant ſeulement la figure dudit inſtrument, pour declarer ſon vſage au Chapitre enſuiuant.

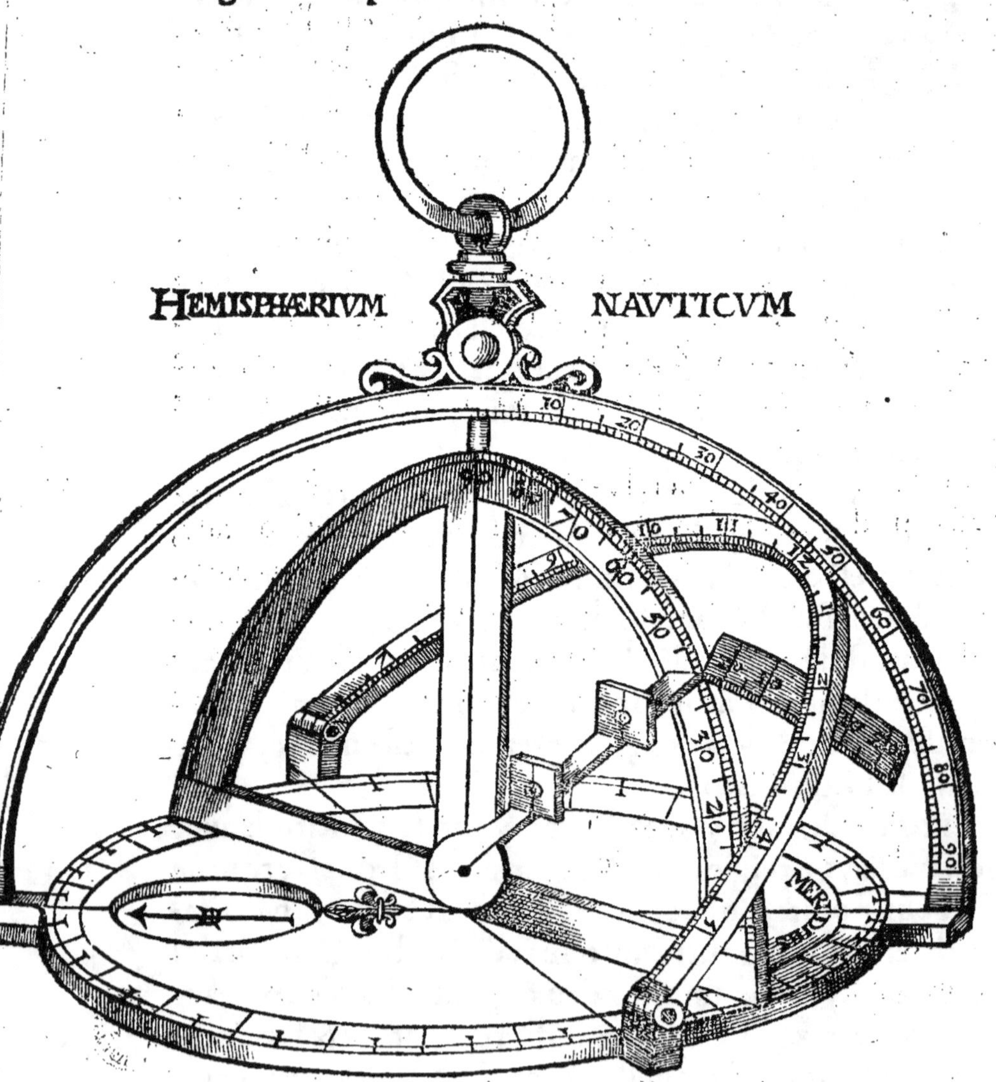

L'vsage de l'Hemisphere Marine.
Chap. X.

PRemieremét on tiendra l'inftrumét par l'anneau, en telle maniere qu'il pende librement, refpondant aux quatre angles du monde, à fçauoir le Nort de l'inftrument vers le Nort du Ciel, &c. ce qui fe pourra faire par le Compas, qui eft fermé fus la table Horizontale: D'auantage on tournera l'vn cofté du demy cercle d'Altitude au Soleil, de forte que l'ombre de ce demy cercle, quand le Soleil y iettera deffus fes rayons, tombe exactement, comme en ligne droicte, de l'vn bord à l'autre. Cefte ombre tombant ainfi exactement, femblablement l'inftrumét pendant felon le Compas, puis tournés la reigle mobile du demy cercle, tant & fi longuement éleuant ou abbaiffant, que les rayons du Soleil paffent droictement par les deux pertuis des deux pinnules de ladite reigle. Cela faict, mettés l'inftrument fur le plant de la nauire, prenant bonne garde que rien ne fe bouge, mais que chacune partie demeure iuftemét fur fes degrez: à fçauoir la reigle mobile fur le degrez de la hauteur du Soleil au demy cercle, & le point du mefme demy cercle fur fon degré en la table Orizontale. Maintenant deués fauoir la declinaifon du Soleil, ou par noftre Aftrolabe vniuerfel, ou par les tables de quelque liure de nauigation: ou vous pouez faire grauer fur la table Orizontale vn Calendrier auec fes declinaifós, en la mefme forte que nous le pofons en la feconde face de noftre Aftrolabe vniuerfel. Ce degré de declinaifó marquerez, (ou retiédrez en la memoire) fur le petit arc de declinaifon, qui fe mene & remene à droit

angle

angle en la partie interieure de l’Equinoctial; à ſçauoir depuis l’onziéme de Mars iuſques au 13. de Septembre, en la partie ſuperieure, & en l’autre moitié de l’an en la partie inferieure, en cas que vous eſtes ſous le Pole Arctique: mais ſi vous eſtes ſous le Pole Antarctique, comtés au cõtraire. Quand le degré de la declinaiſon eſt ainſi marqué, & que la reſte de l’inſtrument eſt demouré immobile, contournés le demy cercle Equinoctial au long du Meridien, le hauſſant ou abbaiſſant, en tournant auſsi le petit arc de la declinaiſon vers le bout de la reigle mobile, iuſques à ce que ce meſme bout vienne à toucher ſur la declinaiſon du Soleil imaginé audict arc de declinaiſõ. Quand tout cecy accorde, vous tiendrez ledict demy Equinoctial ferme, car il vous monſtre au Meridien la hauteur du Pole de voſtre lieu, en commençant à comter les degrez au Meridien, deſcendant du Zenith iuſques au degré que l’Equinoctial monſtre. Or par ce que le demy cercle Equinoctial eſt diuiſé en deux fois 6. heures, commençant du point Oriental, 6.7.8.9.10.11.& 12. au milieu ou en l’angle du midy: puis apres midy 1.2.3.4.5.& 6. en Occident, vous regarderez (ce pendant que l’inſtrument conſiſte encore immobile) ou l’arc de la declinaiſon monſtre en l’Equinoctial, car celle eſt la vraye heure du iour.

Doncques pour trouuer les heures du iour par l’ombre du Soleil, il n’y a nuls inſtrumens, qui preciſement les peuuét monſtrer, que ceſte noſtre nouuelle demy ſphere. Car combien que vous auez l’anneau Aſtronomique, ou vn Horologe Equinoctial vniuerſel, ou aucun des inſtrumens ſemblables, neceſſairement deuez touſiours ſauoir l’eleuation du Pole du lieu ou vous eſtes, quand vous

voulés

voulés vſer leſdits inſtrumens ou horloges. Mais celuy qui eſt ſur mer change continuellement de hauteur du Pole, ſi ce n'eſt qu'il nauigue droiƈt Eſt ou Oüeſt. Par ainſi eſt manifeſte, que tous inſtrumens ſont ſur mer à ce inutiles, reſerué noſtre demy-ſphere : par laquelle pouez (comme deſſus eſt diƈt) trouuer les heures du iour, ſans ſauoir l'eleuation du Pole.

Et quant à la demonſtration, ou preuue de cecy, nous ne l'entendons pas ſeulement demonſtrer par experience, mais auſſi par raiſons & comtes Aſtronomiques. Car c'eſt vne reigle bien ſeure à tous Aſtronomiens, quand l'Azimuth, l'Almicantarath, & la declinaiſon du Soleil ſont connus, que l'heure du iour, & la hauteur du Pole du meſme lieu, ſans doute ſeront connues : comme auſſi l'auons enſeigné à comter par l'ayde des tables de Sinus, aux cent queſtions de Valentin Menher. Parquoy le diligent Pilote iugera, meſmes par iournel exercice, de combien ceſt inſtrument, en ce poinƈt ſurpaſſe tous autres.

Or à cauſe qu'il ſemble à pluſieurs, qui n'ont encores gouſté par experience comment nous pouons iournellement par l'ayde de ceſt' Hemiſphere nautique, trouuer l'heure du iour, & la haulteur du Pole, en quelque lieu du monde que nous ſommes : Si auons voulu amplifier ce preſent Chapitre de quelque exemple conuenable, calculé ſelon les ſupputations Aſtronomiques, qui ſe font par les tables de Sinus, affin de demonſtrer, par ce moyen, l'entiere perfeƈtion du preſent inſtrument. Qu'ils entendent doncques, qu'en l'vſage dudiƈt Hemiſphere, lon ne tend à autre but, qu'à prendre en premier lieu, le plus iuſte que ſera poſſible, l'Azimuth du Soleil, c'eſt à dire, l'arc de l'Ho-

F rizon,

rizon, comprins entre le Meridien & le cercle vertical, paſſant le centre du Soleil. Ce faiſt, qu'on prenne auſsi quand
& quand, la hauteur du Soleil deſſus l'Horizon, laquelle
ſe comptera au ſuſdiſt cercle vertical. Et ayant la cognoiſ-
ſance de ces deux points, enſemble de la declinaiſon du
Soleil (laquelle ſe trouuera bien facilement par l'ayde de
noſtre Aſtrolabe maronnier) lon pourra incontinét trouuer audiſt Hemiſphere, l'eleuation du Pole, & l'heure du
iour, ſoit deuant ou apres midy, tout ainſi comme en ce
preſent Chapitre auons aſſez amplement enſeigné. Mais
pour verifier tout cecy, par les ſupputations Aſtronomiques, leſquelles, comme diſt eſt, ſe font par les tables de
Sinus, nous prendrons par exemple que quelqu'vn eſtant
à l'horizon Septentrional, aura faiſt vne de ces obſerua-
tions à l'onziéme de May dernierement paſſé, le Soleil
eſtant au commencement des Gemeaus : La declinaiſon
du Soleil eſtoit doncques Septentrionale à 20. degrez &
10. minutes. Et par l'ayde dudiſt inſtrument trouua l'Azimuth du Soleil 48$\frac{1}{3}$. degrez du Sud vers l'Oëſt, dont apert
que le midy eſtoit deſia paſſé, & la hauteur du Soleil deſſus
l'Horizon fut 51. degrez. Par tout le ſuſdiſt, il trouua audiſt inſtrument qu'il eſtoit à l'eleuation du Pole de 51$\frac{1}{4}$. degrez, & que c'eſtoit à deux heures apres midy. Et pour con-
firmer cecy par les calculatiós Aſtronomiques, qui ſe font
par le moyen des tables ſuſdites, qu'on nomme, les tables
de Sinus, nous l'approuuerons en ceſte ſorte:

Soit le cercle Meridien *A I B*. l'horizon *A C B*. auquel
eſt *A*. le point de Sud, *B*. de Nort, & *C*. celuy de l'Oëſt, le
Zenith ou poinſt du coupeau ſoit *I*. le cercle Equinoſtial
C G. & le parallele du Soleil paſſe par *H*. de ſorte que l'arc
G H. eſt

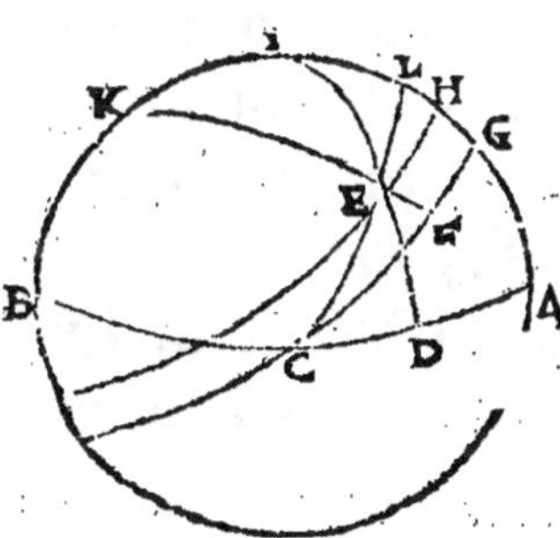

G H. est 20. degrez & 10. m. selon la declinaison du Soleil, & soit le Soleil en *E.* ayant passé le point du midy *H.* le cercle vertical sera dóc-ques *I E D.* monstrant à l'horizon l'arc *A D.* qui est l'Azimuth du Soleil à 48. degrez & ⅓. ou 20. minut. & la haulteur du Soleil au dessus de l'Horizon est au predict cercle vertical *D E.* à 51. degrez, du Pole Septentrional *K.* soit tiré le cercle Horaire *K E F.* qui monstre en l'Equinoctial l'Arc horaire *F G.* La demande est doncques de cercher la haulteur du Pole qui est *B K.* & l'arc des heures *F G.* qui monstrera combien de temps le Soleil estoit desia passé outre le midy.

Or pour cognoistre tout cecy, comme dict est, par l'ayde des tables de Sinus, cerchez premierement l'Arc horaire *F G.* en ceste sorte, dites au triangle *K I E.* est l'angle *I.* 48. degrez & 20. minutes selon l'Azimuth du Soleil, l'Arc *K E.* est le complement de la declinaison du Soleil, assauoir 69. degrez & 50. minutes, & l'arc *I E.* complement de la hauteur du Soleil dessus l'horizon, est 39. degrez.

Entendez doncques que le Sinus de l'arc *K.E.* se tient au Sinus de l'angle *I.* tout ainsi que le Sinus de l'arc *I E.* se tient au Sinus de l'angle *G K F.* or d'autant que de ces quatre nombres proportionaux, les trois sont cognus, il est certain, par la 16. du 6. d'Euclide que le 4. nóbre sera trouué.

K E	I	I E
69.50.	48.20.	39.
93869.	74702.	62932.

    Et

Et prouient pour le 4. nombre 50082. dont l'arc faict
30. degrez & 3. minutes pour l'angle *K.* ou l'arc horaire
F G. qui demonstre que bien peu apres les deux heures
apres midy ceste obseruation fut faicte.

Mais pour trouuer la haulteur du Pole *K.* deffus l'Horizon, il te faut premierement tirer le quart d'vn cercle
C E L. par le moyen duquel trouuerez l'arc *E L.* comme
s'enfuit.

Sachez que le Sinus entier qui est de *K F.* se tient au Sinus de l'arc horaire *F G.* tout ainsi que le Sinus de l'arc
K E. se tient au Sinus de l'arc *E L.* mais de ces 4. nombres
proportionaux, en font desia les 3. premiers cognus, partát,
par la propofition fufdicte, ne pourra le 4. estre incognu.

K F	F G	K E
90.	30.3.	69.50.
100000.	50082.	93869.

Pour le 4. nombre prouiennent doncques 47011. dont
l'arc faict 28. degrez & 3. minutes pour *E L.* l'arc *C E.* fera
partant 61. degrez & 57. minutes.

Cerchez maintenant l'arc *A L.* & pour le trouuer, di-
rez, que le Sinus de l'arc *C E.* se tient au Sinus de l'arc *E D.*
tout ainsi que le sinus de l'arc *C L.* se tient au Sinus dudict
arc *A L.* & à caufe que de ces 4. nombres proportionnaux,
les 3. premiers font donnés, le 4. fera par confequét trouué:

C E	E D	C L
61.57.	51.	90.
88253.	77714.	100000.

Lequel 4. nombre trouuerés 88058. dont l'arc faict 61.
degrez & 43. minut. pour *A L.* lequel faut garder iufques à
tant

tant que l'arc *G L.* sera cognu, lequel se trouuera ainsi, en disant: Le Sinus de l'arc *C E.* se tient au Sinus de l'arc *E F.* comme le Sinus entier, qui est du quart de cercle *C L.* au Sinus de l'arc *G L.* mais d'autant que derechef des 4. nombres proportionaux, les 3. en sont desia cognus, il est manifeste que le 4. ne peult estre incognu.

C E	E F	C L
61.57.	20.10.	90.
88253.	34475.	100000.

Et pour le susdict 4. nombre prouiennent 39063. dont l'arc fait 23. degrez, pour *G L.* Mais si vous leuez ledict arc *G L.* qui est 23. degrez du precedent arc *A L.* lequel faict 61. degrez & 43. minutes, il en resteront 38. degrez & 43. minutes pour la haulteur de l'Equinoctial dudict lieu dessus l'horizon. Et à cause que la hauteur de l'Equinoctial faict tousiours auec celle du Pole, ensemble 90. degrez, vous deuez oster ces 38. degrez & 43. minutes de 90. degrez, & il en resteront 51. degrez & 17. min. pour la susdicte hauteur du Pole, lequel n'est que 2. min. plus que 51$\frac{1}{4}$. degrez, comme nous auons cy dessus trouué par nostre Hemisphere. Lequel exemple suffira pour le present à demóstrer la perfectió d'iceluy Hemisphere, remettant la reste à l'experience qui est seule maistresse de toute Science.

Pour trouuer de nuict, la hauteur du Pole.
Chap. XI.

Our sçauoir de nuict la hauteur du Pole, il nous faut auoir l'Arbaleste des Pilotes flamens, appellé *Graetboge,* & des Espaignols *Balestilla.* On prendra

F 3 doncques

doncques par l'Arbaleste la hauteur de l'estoille du Nort deſſus l'Orizon, par ce que le Pole eſt vn poinct au ciel inuiſible: & par la hauteur de laditte eſtoille, on peut facillement trouuer la hauteur du Pole, comme icy ſera declaré. Mais premierement doit on ſçauoir, que ceſte eſtoille du Nort, touſiours decline, pour ce temps preſent $3\frac{1}{2}$. degrez du Pole, & faict ſon circuit (comme tous les autres eſtoilles fixes) vne fois en 24. heures, duquel le demy diametre eſt $3\frac{1}{2}$. degrés. Or pour ſauoir quand l'eſtoille du Nort eſt droitemét deſſus ou deſſous le Pole, on doit auoir eſgard aux deux dernieres eſtoilles de la petite Ourſe, appellées des mariniers les gardes. Car quand les gardes ſont Sudoëſt de l'eſtoille du Nort, laditte eſtoille du Nort eſt iuſtement au Meridien, à $3\frac{1}{2}$. degrés plus haut que le Pole. Et au contraire quand les gardes ſont Norteſt, l'eſtoille du Nort eſt autrefois au Meridien, à $3\frac{1}{2}$. degrez plus bas que le Pole: & aux autres Rumbs eſt ce à l'aduenant, comme nous auons obſerué, ſelon la commune vſance des mariniers, aux 8. Rumbs principaux.

Si les gardes font		l'estoille du Nort est		
	Oëst		$1\frac{3}{4}$	Degrez plus haut que le Pole, par quoy souſtraiés,
	Sudoëst		$3\frac{1}{2}$	
	Sud		3—	
	Sudeſt		1—	
	Eſt		$1\frac{3}{4}$	Degrez plus bas que le Pole, par quoy adiouſtés.
	Norteſt		$3\frac{1}{2}$	
	Nort		3—	
	Nortoëſt		1—	

Parquoy quand vous aurés prins de nuict par l'Arbaleſte la hauteur de l'eſtoille du Nort deſſus l'Orizon, obſerués incontinent en quel endroit ou Rumb ſont les gardes, &

trouuerés

trouuerés par les reigles fufdittes, que l'eſtoille du Nort ſera touſiours plus haut que le Pole, ſi les gardes ſont aux
quatre Rumbs ſuperieurs: mais ſi icelles ſont aux autres
quatre inferieurs, laditte eſtoille ſera touſiours plus bas
que le Pole. Or ſi l'eſtoille eſt deſſus le Pole: Oſtez de la
hauteur de l'eſtoille autant que le Rumb des gardes vous
enſeigne, & ce qui en reſtera, ſera la vraye hauteur du Pole
du lieu ou vous ſerez: mais ſi l'eſtoille du Nort eſt deſſous
le Pole, il fault adiouſter, & tout enſemble ſera la hauteur
du Pole.

Or puis que ie ſuis venu à l'vſage de l'eſtoille du Nort,
il me ſemble vtile, que ie declare plus amplement ce qu'en
depend, à ſçauoir, que laditte eſtoille (laquelle pour le preſent fait ſa revolution quotidienne à $3\frac{1}{2}$. degrez du Pole) a
autrefois eſté plus diſtante dudict Pole, & qu'elle ſera en
certains ans à venir plus prés du Pole. Car ſelon les tables
d'Aſtronomie, ceſte eſtoille eſtoit au temps de la natiuité
de noſtre Seigneur, 12. degrez 36. minutes du Pole Arctique, & s'eſt continuellement approchée dudict Pole, de
ſorte qu'on la trouue maintenant diſtante du Pole ſeulement que $3\frac{1}{2}$. degrez, & approchera continuellement peu
à peu cedict Pole, tellement qu'en 700. ans (ſi le monde ce-
pendant ne finie) elle ne ſera pas vn demy degré, à ſçauoir,
que 26. minutes, declinant du Pole: qui ſera le plus prés
qu'elle pourroit approcher le Pole: car de là en auant, elle
commencera à s'eſloigner dudict Pole, comme par le propre cours des eſtoilles fixes peut eſtre demonſtré.

Or pour retourner à noſtre propos, à ſauoir, de trouuer
par nuict la hauteur du Pole, par l'Arbaleſte, & le cours de
l'eſtoille du Nort, il nous ſemble bien neceſſaire, de plus
amplement

amplement declarer ces deux points: parquoy commen-
cerons au chapitre enſuiuant, à la fabrique & l'vſage de
l'Arbaleſte, affin qu'on comprenne mieux le reſte de tout
ce qu'on declarera cy apres.

La Fabrique de l'Arbaleſte.   *Chap. XII.*

Ombien que Pierre Appian, en ſa Coſmographie,
Martin Cortez en ſon liure de l'art de nauiguer,
& pluſieurs autres ont deſcrit la fabrique de l'Arbaleſte, toutesfois icelle n'eſt aſſez parfaicte, pour ſatisfaire
en tout le diligét Pilote, veu qu'elle n'eſt tāt generale & co-
pieuſe, cóme la neceſsité aucunefois en requiert. Parquoy
ſera la fabrique de l'Arbaleſte telle que s'enſuit, tout ainſi
que tous Pilotes expers ſe ſeruent maintenant d'icelle.

Premierement faictes preparer de quelque bois ſolide,
vn baſton bié droict & quarré, eſpez quaſi vn demy poulce, & long enuiron trois pieds, ou trois pieds & demy. Car
ce que Appian, & autres veullent faire par l'immaniable
longueur de 6. ou 7. pieds, nous le ferons par vne autre
voye plus commodieuſe, à ſçauoir, que nous aurons au
lieu d'vn tranſuerſaire ou croix, trois croix ou curſeurs diuers. Dont le plus grand ſera, pour tenir bonne proportion, iuſtement de 12. poulces, le ſecond de 6. poulces, &
le tiers de poulce & demy : mais la largeur de chacun ſera
de poulce & demy, de ſorte que le plus petit ſera iuſtement quarré.

Ces curſeurs doiuent au vray milieu auoir le trou bien
quarré, affin qu'on les puiſſe mener & ramener au long du
baſton en eſquerre. Quand le baſton & les trois curſeurs
ſont

ſont preparez, les trois coſtés du baſton ſeront departy par degrez comme s'enſuit, à ſçauoir, pour chacun curſeur, vn coſté. Tirés ſur vne table polie à la longueur du baſton la ligne droicte *A.B.* & reſeruès *A.* pour le bas du baſton. De ceſt *A.* comme du centre, deſcriuès vn demy quadrat, ou huitiéme du cercle, *B. C.* lequel departirés en 90. parties egalles. Or affin que chacun des trois coſtés (comme deſſus eſt dict) ſoit marqué de ſes degrez accordans à ſon curſeur, vous marquerés ſur le premier coſté les degrez, pour le plus grand curſeur, de 90. iuſques à 30. au ſecond coſté de 30. iuſques à 10. pour le moyen curſeur: au tiers ſeront les degrez depuis 10. iuſques à 2. pour le moindre curſeur. Or pour marquer chacun coſté de ſes degrez conuenables, ti= rés en la ſuſditte figure vne autre ligne droite *A. D.* à droict angle auec la ligne *A.B.* faiſant la ligne *A.D.* iuſtement au-tant que la moitié du plus grand curſeur, & tirés de *D.* vne ligne *D E.* parallele ou equidiſtante auec la ligne *A B.* Cela faict, tirés du centre *A.* lignes obſcures & droites, iuſques aux nombres du demy quadrant *B C.* ces lignes entrecou-peront la ligne *D E.* en certaines parties inegales ou degrez, leſquels l'on marquera en la meſme ſorte ſur le premier coſté du baſton, ou *L.* mõſtre le lieu des 90. degrez, eſtant la partie *D L.* la iuſte moitié du plus grand curſeur : car le poinct *D.* ſignifie la partie inferieure du baſton, qu'on doit tenir à l'œil, en l'vſant.

Pour marquer le ſecond coſté du baſton, prenez la iuſte moitié du curſeur moyen, & poſés ceſte diſtance de *A.* en *F.* Puis tirés de *F.* la ligne *F G.* pareillement parallele ou equi-diſtante auec la ligne *A B.* Cela faict, tirés comme deuant du centre *A.* par la ligne *F G.* lignes obſcures, iuſques au

G

demy

demy quadrant, commençant de 30. descendant iusques à 10. degrez: & quand ceste ligne *F G.* est ainsi repartie en degrez & parties inegalles, marqués aussi les mesmes degrez au second costé du baston, ou *F.* signifie le bas, qu'on doit tenir à l'œil. Pour le dernier, prenés pour le tiers costé du baston, la iuste moitié du moindre curseur, & mettez la mesme distance de *A.* en *H.* & tirés comme deuant, de *H.* la ligne *H I.* equidistante auec la ligne *A B.* Puis tirés autrefois du centre *A.* iusques aux degrez du demy quadrant, lignes obscures & droites, entrecoupantes la ligne *H. I.* de 10. degrez, iusques à 1. ou 2. Ceste repartition des lignes, posés comme dessus, au tiers costé du baston, lesquels te rendront l'Arbaleste parfaict.

La preuue est, que regardez si les degrez sont à chacun costé iustement marquez. Parquoy considerés au premier costé, si le nombre de 90. degrez est iustement distant du bas de l'Arbaleste, à sauoir, ou on tiendra l'œil, tant qu'est la moitié du plus grand curseur. Pour le second costé, regardés que les 30. degrez ne soyent distans du bout d'embas, q̃ de la iuste moitié de la distãce des 30. degrez du premier costé. Pour le tiers, regardés que les 10. degrez ne soyent distans du bout d'embas, que le iuste quart de la distance des 10. degrez au premier costé: si le trouués ainsi, vostre Arbaleste sera bonne.

Et tout ainsi que nous disons de ce 30. & 10. degré, faut entendre, que generalement tous les degrez du premier costé de l'Arbaleste, seront deuxfois autant distants du bout du baston *A.* que ceux du second costé, & semblablement ceux du 2. costé deuxfois autant que ceux du tiers costé. Dont ensuit aussi qu'vn chacun degré, mis

au

au premier costé, aura quatrefois autant de distance depuis ledict bout *A.* que ceux du tiers costé . Car à cause
que les longueurs de chasque curseur, sont en proportion
double l'vn à l'autre, il est certain que semblablement
tous les espaces de chacun degré, seront en la mesme proportion double l'vn enuers l'autre par la 4. prop. du *6.*
d'Euclide.

Ensuit la figure de la Fabrique de l'Ar-
baleste.

G 2

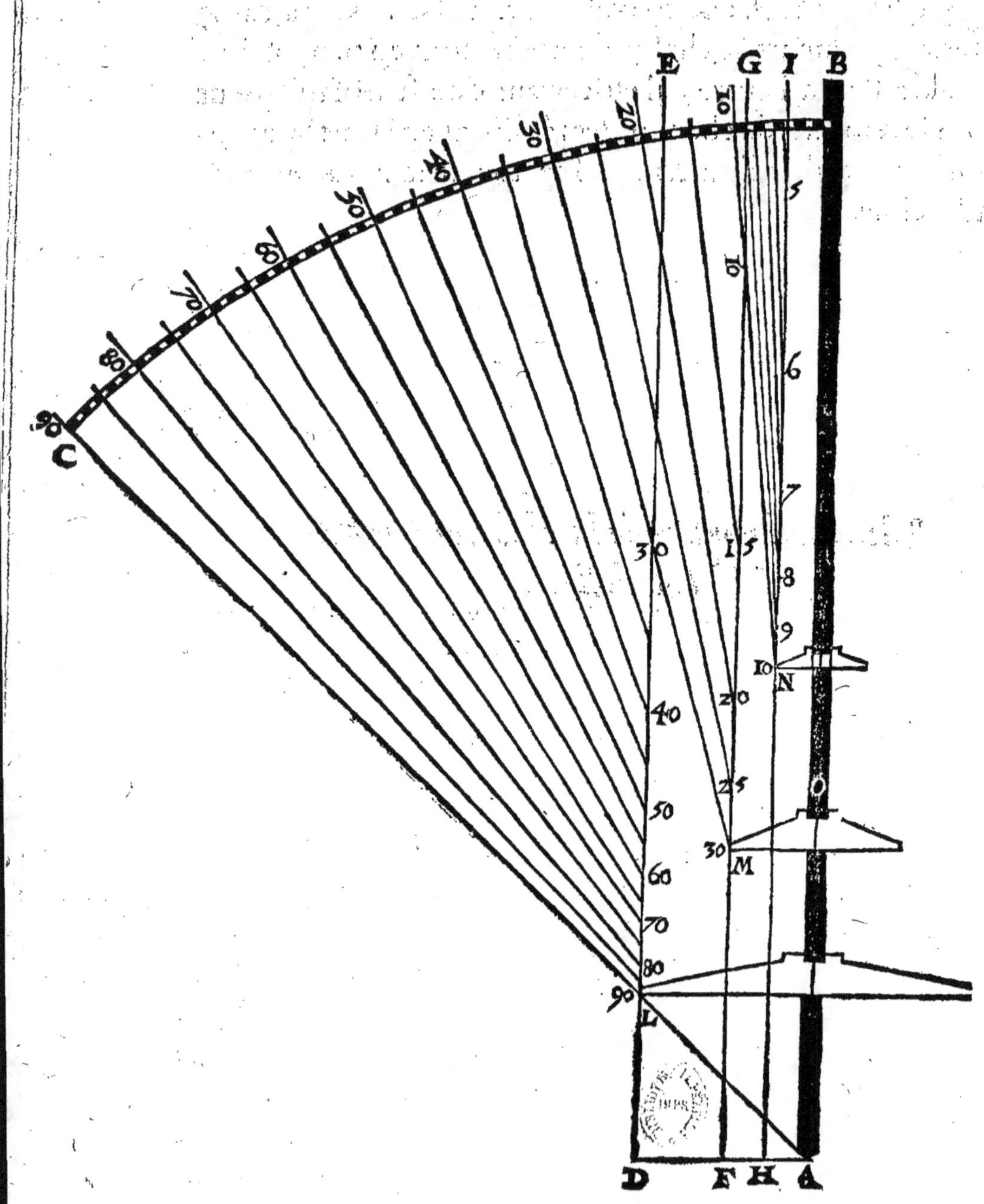
E G I B
C
D F H A
L
M
N
O
15
30
10 20 30 40 50 60 70 80 90
5
6
7
8
9
10
20
25
30

De l'vsage de l'Arbaleste. Chap. XIII.

Vand l'Arbaleste auec les trois curseurs est ainsi fabriqué, lon s'en seruira comme s'ensuit. Premierement quand vous voudrez sauoir la vraye hauteur de quelque estoille dessus l'Orizon, considerés si la hauteur de cest' estoille passera les 30. degrez, car lors vserez le premier costé auecque le plus grand curseur. Si la hauteur est moindre de 30. degrés, mais surpassant les 10. degrez, vous mettrez en œuure le second costé & le moyé curseur. Mais si la hauteur est de 10. degrés, ou moindre, vous vserez le tiers costé & le moindre curseur. Quand tout cecy est premierement bien consideré, posés le bout d'ébas sur l'os dessous la prunelle de l'œil, & haucés ou abbaissés le curseur, iusques à ce que voyés par le bort superieur du curseur, le milieu de l'estoille, & par le bord inferieur, dudict curseur, l'Orizõ visible, qui est ou vous voyés que l'eaue entrecoupe l'air: cela faict, tenés le curseur ferme, car il vous monstrera au baston sur le costé conuenable la vraye hauteur de l'estoille dessus l'Orizon, ce que vous cerchés.

L'Arbaleste est aussi aucunefois sur mer inutile: à sauoir, quand pour l'obscurité de l'air, on ne peut veoir l'Orizon. Et combien que Pierre de Medina veuille enseigner vn moyen, pour imaginer sur la nauire vn Orizon, si est il neantmoins pour l'enclinemét de la nauire, gueres ou peu souuent pratiquable. Parquoy quand telle incommodité vous suruient, aidés vous de l'Astrolabe vulgaire, auquel ferez par prouision, crener les deux tablettes ou pinnules, iustement au milieu, comme font les crens de

l'instrul'inſtrument de l'Arpenteur ou Geometre. Or quand il vous fault prendre de nuičt (eſtant l'Orizon inuiſible) la hauteur de quelque eſtoille, pendés l'Aſtrolabe au deſſus de voſtre œil, hauçant ou abbaiſſant la reigle mobile auec les pinnules, iuſques à ce que voyez par les deux crens le milieu de l'eſtoille: & le bout ſuperieur de laditte reigle vous enſeignera au quart de l'Aſtrolabe, la vraye hauteur de laditte eſtoille, en nóbrant les degrez d'embas en aſcendant, comme la raiſon le requiert.

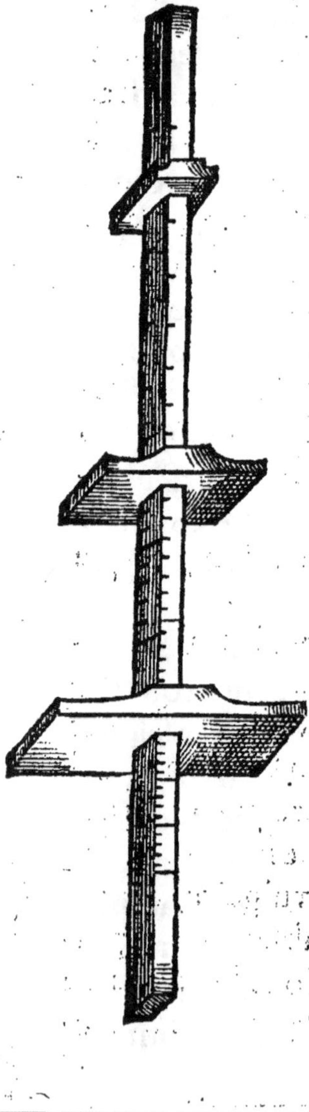

Pourtraičt de l'Arbaleſte.

Oicy le vray pourtraičt de l'Ar-baleſte commune, tout ainſi qu'elle eſt maintenant en vſage aupres de tous Pilotes. Laquelle conuiét entierement auec la deſcription du baſtó Aſtronomique de Ian Vernere, en ſa paraphraſe ſur le premier Liure de geographie de Claude Ptolomée, & apres luy de Pierre Appian en ſon introduction geographique. Mais ceſte Arbaleſte n'eſt pas encores à paragóner au baſton Aſtronomique de Gemma Frizon, lequel auec vn ſeul curſeur qu'il nomme tranſverſaire, le rend, moyennát quelques pinnacides, tant parfaičt & accomply qu'il ſert generalement à prendre toute hauteur, ſoit grande ou petite. Laquelle inuentió, poüons facilement enſuiure en noſtre

Arba-

Arbalefte, en cefte for-
te: entendez pour *A B.*
le bafton de l'Arbalefte
long bien prés de qua-
tre pieds, & *C D.* fera le
tranfverfaire de deux
pieds de longueur, auec
vn pertuis bien quarré
au milieu, pour y bou-
ter le bafton, felon la
maniere commune des
Arbaleftes . Or fi le
poinct *E.* eft le vray milieu du tranfverfaire, les
deux brâches d'iceluy,
qui font de *E.* en *C.* & de
E. en *D.* feront egales,
chacun d'vn pied entier
de lõgueur. La haulteur
de la brâche feneftre du
tranfverfaire feriez de
trois doigts ou enuiron
par deffus le bafton, cõ-
me la ligne *F G.* le de-
monftre, car l'autre brâ-
che qui eft *E D.* n'aura
que la moitié de cefte
hauteur, felon l'exigen-
ce de l'œuure, affin qu'é
cefte branche , eftant
quadran-

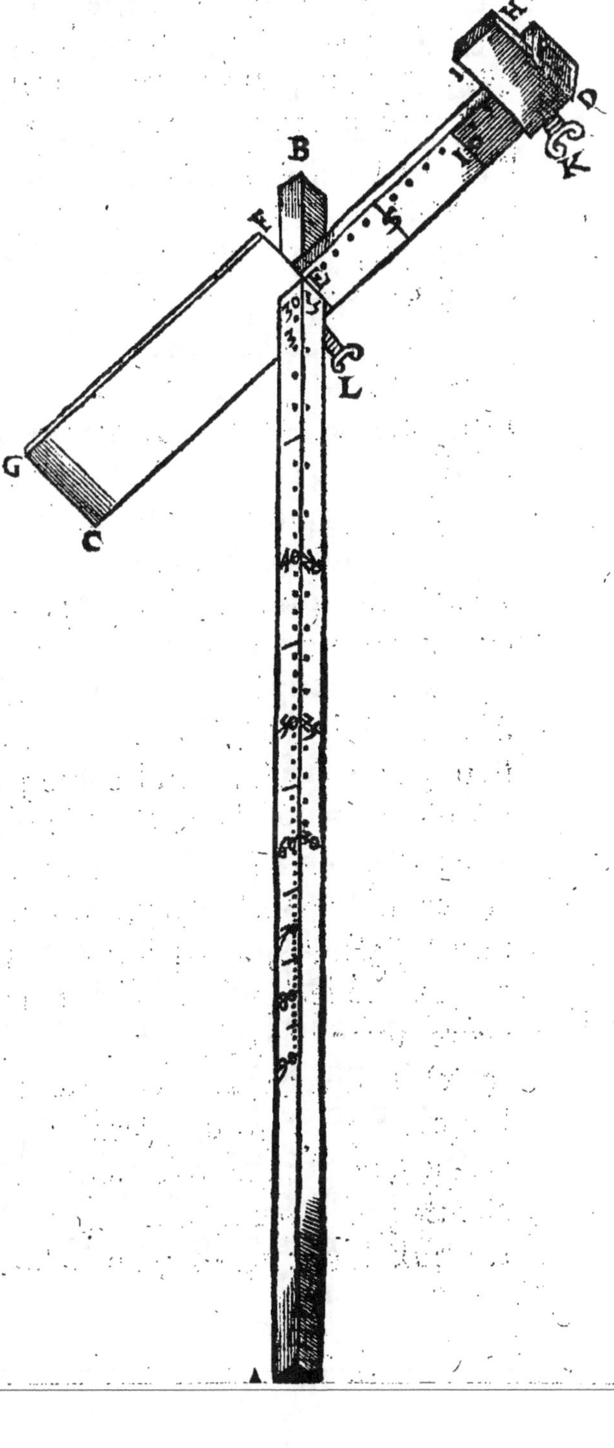

quadrangulaire & rectangulaire, pourra le curseur *HI.*
estre mené & conduict de ça & de là, par le moyen de quelque tuyau quadrangulaire & conuenable au long de laditte branche, & au dessoubs dudict curseur aura vne vis,
pour l'arrester en la branche en quelque place que ce soit.

Mais pour comprendre mieux la proprieté de ceste
Arbaleste, ensemble icelle de son transversaire & curseur,
considerez que quand ledict curseur, sera, par la vis arresté
au fin bout de la branche dextre, qui est *D.* qu'alors toute
la longueur *CD.* se prendra pour le transversaire entier.
Duquel on se seruira pour prendre toute haulteur, qui
soit depuis 30. degrez, iusques à 90. tout ainsi que nous
faisons du grand curseur de l'Arbaleste commune. Les
degrez doncques, se marqueront au premier costé de ceste
Arbaleste nouuelle, des les 30. iusques à 90. à la façon,
comme nous auons enseigné au 12. Chapitre precedent,
car ceste inscription des degrez est commune, à l'vne &
à l'autre Arbaleste. Mais si vous voulez trouuer quelque
haulteur, qui soit moindre que 30. degrez, & plus que 15.
il fauldra prendre la veuë par les deux bouts de la branche
senestre *GC.* & *EF.* en tirant ou repoussant le transversaire
entier au long du baston *AB.* tant que vous voyez l'Orizon, & l'estoille, & ledict transversaire te monstrera au second costé le degré de la hauteur cerchée. Tous lesquels
degrez mis audict second costé du baston, procedent de
ceux qui sont au premier costé, selon la proportion double, car le 30. degré du premier costé, conuiendra auec les
15. du second, & semblablement le 60. du premier costé,
auec le 30. du second, & ainsi des aultres qui viennent entredeux. Dont s'ensuit, que lesdits degrez du second costé

seront

feront bien facilement mis, fi l'infcription de ceux du premier cofté, eft premierement faicte.

Or pour prendre les haulteurs qui feront depuis vn
degré iufques à 15. il vous fauldra premierement depain-
dre en la branche dextre du tranfverfaire lefdits degrez, ce
que fe fera en cefte forte: Diuifez ladicte branche *E D.* en
10000. parties egales s'il t'eft poffible, commençant dés le
poinct *E.* iufques en *D.* Puis après befoignerez felon l'inftruction de cefte table enfuiuante, en laquelle trouuerez,
auec quelle partie, chacun degré & quart d'vn degré cor-
refponde en ladicte branche, comme le premier quart
d'vn degré conuiendra auec les 163. parties egales de la
branche diuifée en 10000. parties & femblablemét le $\frac{1}{2}$. degré, auec 325. parties, le $\frac{3}{4}$. d'vn degré auec 488. & le degré
entier auec 651. defdites parties, & ainfi des autres degrez
& quarts d'vn degré iufques à 15. lequel aura fon lieu au fin
bout de ladicte branche qui eft en *D.*

H *Table*

Table des 15. degrez qui se marqueront en la branche dextre du transuersaire.

Degrez		part.
0	$\frac{1}{4}$	163
0	$\frac{1}{2}$	325
0	$\frac{3}{4}$	488
1	0	651
1	$\frac{1}{4}$	814
1	$\frac{1}{2}$	977
1	$\frac{3}{4}$	1140
2	0	1303
2	$\frac{1}{4}$	1466
2	$\frac{1}{2}$	1629
2	$\frac{3}{4}$	1792
3	0	1955
3	$\frac{1}{4}$	2119
3	$\frac{1}{2}$	2282
3	$\frac{3}{4}$	2446
4	0	2609
4	$\frac{1}{4}$	2773
4	$\frac{1}{2}$	2937
4	$\frac{3}{4}$	3101
5	0	3265

Degrez		part.
5	$\frac{1}{4}$	3429
5	$\frac{1}{2}$	3593
5	$\frac{3}{4}$	3757
6	0	3922
6	$\frac{1}{4}$	4087
6	$\frac{1}{2}$	4252
6	$\frac{3}{4}$	4417
7	0	4582
7	$\frac{1}{4}$	4747
7	$\frac{1}{2}$	4913
7	$\frac{3}{4}$	5079
8	0	5245
8	$\frac{1}{4}$	5411
8	$\frac{1}{2}$	5577
8	$\frac{3}{4}$	5743
9	0	5910
9	$\frac{1}{4}$	6077
9	$\frac{1}{2}$	6244
9	$\frac{3}{4}$	6411
10	0	6579

Degrez		part.
10	$\frac{1}{4}$	6747
10	$\frac{1}{2}$	6916
10	$\frac{3}{4}$	7085
11	0	7254
11	$\frac{1}{4}$	7423
11	$\frac{1}{2}$	7592
11	$\frac{3}{4}$	7762
12	0	7932
12	$\frac{1}{4}$	8102
12	$\frac{1}{2}$	8272
12	$\frac{3}{4}$	8443
13	0	8614
13	$\frac{1}{4}$	8786
13	$\frac{1}{2}$	8958
13	$\frac{3}{4}$	9131
14	0	9304
14	$\frac{1}{4}$	9477
14	$\frac{1}{2}$	9651
14	$\frac{3}{4}$	9825
15	0	10000

Quant à l'vsage de ceste Arbaleste nouuelle, il est facil à comprendre par le discours precedent, car, comme dict est, quand le curseur *H I.* est arresté, par la vis, au bout de la branche dextre, *D.* il vous rendra vn transuersaire entier *GCHD.* Duquel l'vsage vient sur les degrez du premier costé du baston, qui sont de 30. iusques à 90. Semblablement la branche senestre, ou demy transuersaire *CG. EF.* se met en vsage, au long des degrez du second costé, pour

prendre

prendre toute haulteur moindre que 30. degrez, & surpassant les 15. le tout comme desia auons enseigné cy
dessus.

Mais s'il y a à prendre quelque haulteur d'vne estoille
dessus l'Orizon, qui soit depuis vn degré, iusques à 15. ar-
restez premierement le transversaire, par le moyen de sa
vis *L.* sur le 30. degré du premier costé, du baston, lequel
viendra aussi sur le 15. degré du second costé. Ce faict,
tiendrez le bout du baston *A.* à ton œil, dressant ta veüe
vers l'Orizon au long de la ligine moyenne du transversaire, *B F.* puis tirerez & repousserez le curseur *HI.* en la branche dextre, tant que pouëz aussi veoir le centre de l'estoille, au long de l'vn des deux costés dudict curseur, lequel
te monstrera en ladicte branche, depuis *E.* vers *D.* la hauteur de l'estoille.

Vous trouuerez aussi qu'auiourd'huy plusieurs pren-
nent la haulteur du Soleil dessus l'Orizon, tout ainsi comme nous auons dict cy dessus d'vne estoille, mais affin que
les raiõs du Soleil n'esblouissent leurs yeulx, ils ont quelque verre espes, & coulouré, qu'ils enchassent en vne petite fenestre de bois quarrée, de quatre bons doigts de haulteur, laquelle ils attachent au baston pres du bout *A.* de façon qu'elle vienne iustement entre l'œil, & le costé superieur du transversaire, ou du curseur, qu'on tient vers le
Soleil. Et par ainsi peuuent ils dresser leur veüe vers le
centre du Soleil, lequel par l'interposition du susdict verre
coulouré, ne peult frapper aux yeux. Et par ce moyen,
peult on prendre la haulteur du Soleil, tout ainsi comme
l'on faict de celle d'vne simple estoille.

Vn inſtrument nouueau pour obſeruer le cours de l'eſtoille du Nort & ſes gardes. Chap. XIIII.

PVis que la reigle, cy-deuant miſe au Chap. 11. d'oſter ou adiouſter à la hauteur de l'eſtoille du Nort, n'eſt pas generale, & qu'elle ne peut eſtre miſe en œuure, ſinon quand les gardes ſont en aucun des huit Rumbs principaux: Nous auons en ce chapitre ordonné vn inſtrument nouueau, pour trouuer generalement à toute heure de nuict, combien l'eſtoille du Nort eſt deſſus ou deſſous le Pole: lequel nous appellons pour la meſme raiſon, *Rectificatorium ſtellæ Polaris.* Or pour ce que ledict monter ou deſcendre de l'eſtoille du Nort, eſt obſerué par le mouuement des gardes, par lequel leſdits gardes chàque 24. heures ſont leur circuit à l'entour du Pole, & que auſſi les heures de nuict ſe treuuent par vn inſtrument appellé *Nocturlabium* deſcrit par Sebaſtien Munſtere, & pluſieurs autres: A ceſte cauſe me ſemble bien idoine, de ces deux inſtrumens d'en faire vn. Or pour le faire le plus commodement, nous poſerons pour le premier le *Rectificatorium* de l'eſtoille du Nort, ſur le ſuſdict inſtrument, en la maniere enſuiuáte: Fabriqués vne table de cuiure, ou de bois ſolide, large enuiron paulme & demy, ayant au deſſous vne manche ou poignée cóme la figure enſuiuante demóſtre. Sur ceſte table tirés deux Diametres en croix, marquant le Sud deſſous & Nort deſſus, à la main droite Eſt, & à la gauche Oëſt, les autres Rumbs poués vous deſcrire à l'aduenant, s'il vous ſemble bon. Cela faict, diuiſés le quart ſuperieur de l'inſtrument à la main gauche, à ſçauoir depuis Nort iuſques à Oëſt en trois parties egalles, & comtés

les

les deux tiers defcendant d'enhaut, & de la prédrez voftre
commencement. Parquoy marqués vne ✝ qui fera vn peu
plus bas; à fauoir vn demy Rumb, que Nortoëft quart à
l'Oëft: puis tirés du poinct de cefte croix vne ligne droite
par le cêtre du cercle, iufques à l'autre cofté prés du Sudeft,
& faictes y femblablement vne croix, diuifant ainfi l'inftrument en deux parties egalles. Tirés par le centre vne
autre ligne Orthogonale à laditte, lefquelles deux lignes
departiront le cercle entier en quatre parties egales. Cela
faict, vous aurez vne reigle mobile qui tournera fur vn
clou creux mis au cêtre de l'inftrument, affin que quand
vous tiendrez l'inftrument pendant embas par la manche
& que voyez par le creux du centre l'eftoille du Nort, vous
pouez tourner la reigle, iufques à ce que voyez par le bord
dextre de laditte reigle la premiere eftoille des deux gardes, laquelle precede l'autre au mouuement, & eft la plus
claire des deux, auffi eft elle vn peu plus prochaine du Pole que l'autre. Quand ainfi voyez cefte eftoille, & que le
bord dextre tombe fur la ligne marquée de ✝. prés du
Nortoëft ou Sudeft, il eft certain que l'eftoille du Nort eft
iuftement eleuée deffus l'Orizon à la hauteur du Pole, de
forte que nulle addition ou fouftraction y eft neceffaire.
Mais fi la reigle tombe iuftement entre les deux croix,
à fçauoir, prés du Sudoeft, c'eft figne que l'eftoille du Nort
a fa plus grande hauteur, à fauoir, $3\frac{1}{2}$. degrez deffus le Pole:
& fi la reigle eft au contraire prés du Norteft, laditte eftoille eft au plus bas, à fauoir $3\frac{1}{2}$. degrez deffous le Pole. Par
ainfi quand ceft inftrumêt eft diuifé par fes 4. points principaux, egalement en 4. quarts, à fçauoir les deux premiers
prés du Nortoëft & Sudeft, ou l'eftoille du Nort & le Pole

ont vne mesme hauteur : & aux deux autres, à sauoir, Sudoëst, ou l'estoille est en sa plus grande hauteur, & Nortest, en sa plus petite, vous departirez les autres points comme s'ensuit. Prenez le quart qui commence par la + prés du Nortoëst, descendant vers Sudoëst, & le diuisez en 90. parties egales. Or si voulez sauoir commét l'estoille du Nort monte ou descend de $\frac{1}{4}$. en $\frac{1}{4}$. de degré, iusques à $3\frac{1}{2}$. degrez, qui est sa plus grâde declinaison du Pole, & le mettre sur l'instrument, vous vserez ceste table ensuiuante: en laquelle auez en premier lieu de $\frac{1}{4}$ en $\frac{1}{4}$. de degré, le monter & descendre de l'estoille du Nort, iusques à $3\frac{1}{2}$. degrez: puis y auez à main droite les degrez & minutes, ainsi qu'ils accordent au quadrant de l'instrument, reparty en 90. parties egals.

De. ✳	D.	M.	De. ✳	D.	M.
$\frac{1}{4}$	4.	6	2	34.	51
$\frac{1}{2}$	8.	13	$2\frac{1}{4}$	40.	0
$\frac{3}{4}$	12.	22	$2\frac{1}{2}$	45.	35
1	16.	36	$2\frac{3}{4}$	51.	48
$1\frac{1}{4}$	20.	55	3	59.	0
$1\frac{1}{2}$	25.	23	$3\frac{1}{4}$	68.	13
$1\frac{3}{4}$	30.	0	$3\frac{1}{2}$	90.	0

Suiuant doncques ceste table, comtez au quadrant 4. degrez 6. minutes, appliquez y la reigle & marqués sur l'instrument $\frac{1}{4}$. degré. Puis comtés iusques à 8. degrez 13. minutes, & marqués $\frac{1}{2}$. degré: comtés iusques à 12. degrez 22. minutes, & notés $\frac{3}{4}$. passés iusques à 16. degrez 36. minutes, & mettez y 1. poursuiuez ainsi vostre comte selon le contenu de la table, iusques à la fin du quadrant, ou 90. degrez, ou vous mettrés $3\frac{1}{2}$. degrez. Quand l'vn quart de l'instrument est ainsi reparty, faictes ainsi des autres trois, comme

Diuisiõ du Rectificatoire.

ſe voit par la figure, & aurez ceſte rectification generale de l'eſtoille du Nort accomplie. Ce faict, tirés au meſme inſtrument ſous le cercle d'addition ou ſouſtraction, quatre ou cincq autres cercles, pour y ordonner les 12. mois auec leurs iours competens: mais prenés bien garde de mettre le 21. d'Octobre iuſtement ſur la ligne diametrale paſſant le milieu de la manche . Puis ferez vne autre table ou roüe mobile ronde, qui peut tourner au dedens du cercle des iours: laquelle diuiſés en 24. heures egales , auec vn petit dent du poinct alendroit de chacune heure, mais que celuy des 12. heures ſoit plus lóg que les autres, affin qu'il apparoiſſe mieux pour le mettre ſur le iour de l'an. Pour le dernier prenés la reigle, qu'auós du cómencemét ordonnée tournát au rectificatoire, ſur le clou creuſé, & affichés la auec laditte roüe mobile des heures, & clou creuſé au centre de l'inſtrument, de telle maniere que laditte roüe mobile, & auſsi la reigle puiſſent chacune à part ſoy tourner ſur ledict clou. Et ainſi ſera faict ceſt inſtrument, dont la figure s'enſuit.

Fabrique du Noctur labe.

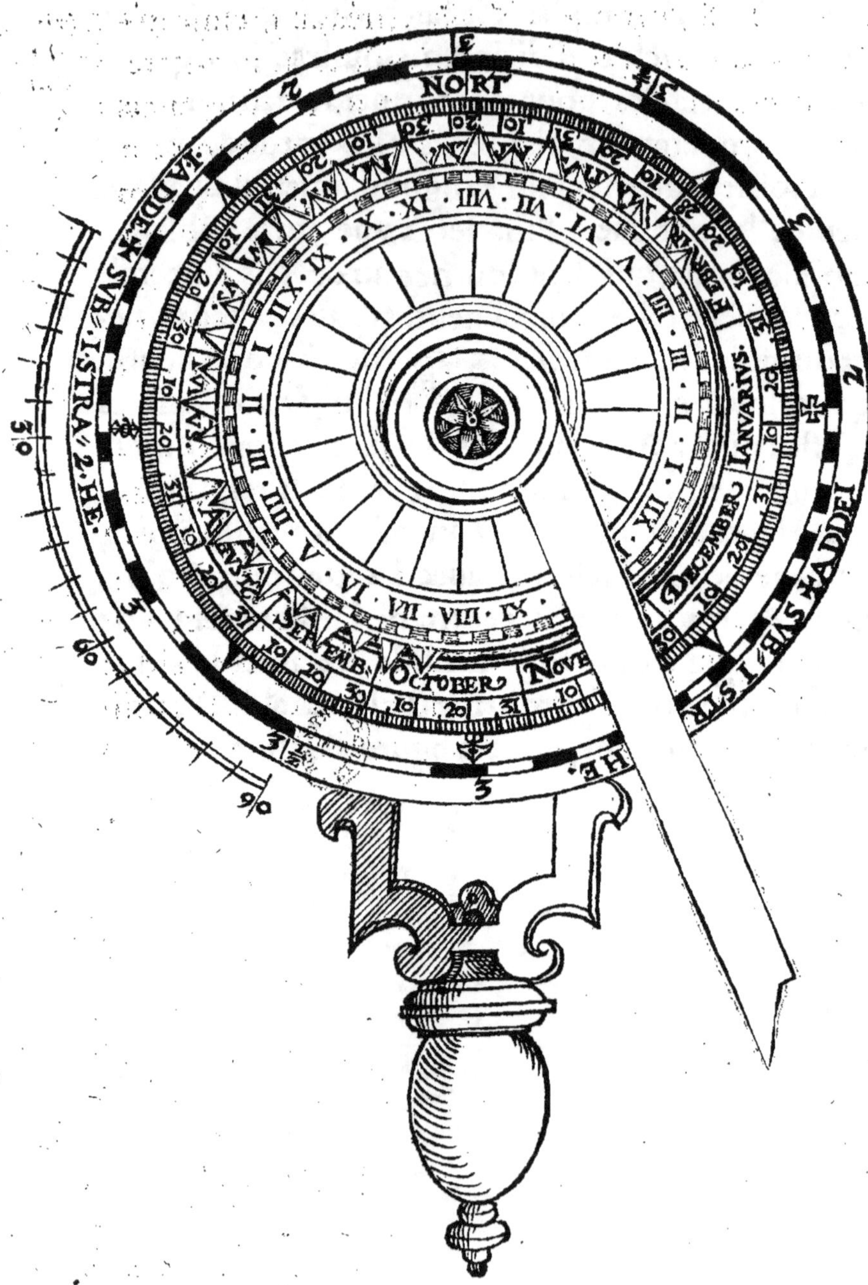

Quant à ce que nous ordonnons au Nocturlabe,
que le 21. iour d'Octobre vienne iuſtement en bas, au milieu de la manche, ou Munſter, Appian, & autres l'ordonnent le 28. dudit mois, eſt à noter, ce que tous ces gens
doctes n'ont encore conſideré, que ſi on pourroit veoir le
Pole par le trou au centre de l'inſtrument, qu'adoncques
deuroit le 28. d'Octobre eſtre ordonné en bas, pour ce que
le Soleil eſt annuellement pour ce iour au meſme degré
du Zodiac, auec la premiere eſtoille des gardes. Mais veu
que nous vſons au lieu du Pole, qui eſt inuiſible, l'eſtoille
du Nort, cela nous cauſe vne varieté oculaire qu'on dict
diuerſité d'aſpect de 7. degrez 18. minutes, à ſçauoir que les
gardes ſe monſtrent plus toſt ou plus tard, qu'icelles en
ſont à comter ſelon le Pole, ce qu'engendreroit vne faulte
quaſi de demy heure: pour à quoy obuier, on mettra en bas
le 21. d'Octobre, & lors il viendra iuſte. Le ſemblable ſe
faict au Rectificatoire, auquel nous ordonnons les com-
mencemens ou croix, quaſi 7. degrez plus auant qu'on
deuoit, à comter ſelon le Pole: affin que tous les points
enſeignent parfaictement.

Item pour mettre autrement ſur l'inſtrument ces $3\frac{1}{2}$.
degrez, du monter ou deſcendre de l'eſtoille du Nort enuers le Pole, & ce ſans l'ayde de la ſuſdite table. Il faut ſçauoir que le Diametre marqué ✚, doibt eſtre premieremét
deſcript, comme cy deſſus a eſté enſeigné, lequel viendra
enuiron le Nort oüeſt, & Sudeſt, demonſtrant le lieu ou
l'eſtoille aura egale hauteur auec le Pole. Ce faict, on tire-
ra vn autre Diametre à droit angle auec le premier, & ceſtuy cy ſera le diametre des extremités ou des $3\frac{1}{2}$. degrez
que l'eſtoile ſuſdite ſe peut éloigner du Pole. Cedict dia-

I

metre

metre se partira en 28 parties egales, & par chaque partie
seront tirées lignes droictes & obscures, parallèles auec le
diametre marqué ✚, & icelles lignes repartiront chacun
quart de la circonference, de quart en quart d'vn degré,
iusques à 3 ½ degrez, qui font 14 quarts, tout ainsi que l'estoille est conduite plus haut ou plus bas que le Pole. Or la
reste de la Fabrique se parfaira selon l'instruction cy dessus
donnée.

Comment on trouue par cest instrument le monter & descendre de l'estoille du Nort, & l'heure de la nuict. Chap. XV.

POur cognoistre cecy, tournez premierement la
roüe mobile des heures, tant que le dent des 12.
heures vienne iustemét sur le iour du mois: puis
tenez vostre instrument bien droict la manche
en bas, & regardant par le centre de l'instrument, l'estoille
du Nort, puis mouuez la reigle deça & de là tant que voyez
le long du bord dextre de laditte reigle, la premiere estoille des deux gardes. Cela faict, vous auez trouué deux choses : La premiere est, que la reigle vous demonstrera sur la
roüe des heures, l'heure de la nuict : L'autre est, que la mesme reigle vous monstrera au bord extreme de l'instru-
ment, de $\frac{1}{4}$ en $\frac{1}{4}$ degrez, combien l'estoille du Nort est
dessus ou dessous le Pole. Car dés la ✚ pres du Nortoëst,
descendant par la moitié inferieure de l'instrument, iusques à l'autre ✚ pres du Sudest, est l'estoille du Nort tousiours dessus le Pole : mais à l'autre moitié dudict instrument, est icelle tousiours dessous le Pole, comme l'escri-
ture

ture mesme de l'instrument demonstre. Parquoy quand
vous sauez par l'Arbaleste ou autrement la hauteur de l'e-
stoille du Nort, dessus l'Orizon, & par cest instrument cōbien elle est dessus ou dessous le Pole, vous sauez incontinent par la doctrine de l'onziéme chapitre precedent, cōbien que vous osterés ou adiousterés, pour auoir la hauteur du Pole, du lieu ou vous estes.

Item si voulez sçauoir à toute heure de nuict, ou du iour,
ou les gardes sont, sans les veoir, & combien l'estoille du
Nort decline du Pole, il n'y a autre chose à faire, que tenir
ferme le dent des 12. heures, sur le iour du mois: & tournant
la reigle sur telle heure que vous demandez, elle vous mō-
strera incontinent au bord de l'instrument, en quel Rumb
sont les gardes, & combien l'estoille du Nort est dessus ou
dessous le Pole. Pierre Garcie en son liure de l'art de nauiguer, faict vn comte si long, seulement pour sauoir à chaque minuict, ou sont les gardes, qu'on se fasche de le lire,
ce que par cest instrument si facilement se peut faire, &
non seulement pour la minuict, mais (comme dessus est
dict) à toute heure de la nuict & du iour.

Mais en cas qu'approchiez si pres de l'Equinoctial, que
la hauteur du Pole seroit moins de 17. degrez: alors les gardes ne seront tousiours apparentes. Parquoy on aura besoin d'autre pratique pour trouuer les heures de nuict, ensemble le hausser ou l'abbaisser de l'estoille du Nort.

Pierre de Medina enseigne, au 8. chap. du 5. liure de l'art
de nauiguer, ceste pratique, par vne des trois autres estoilles de la petite Ourse, neantmoins il s'abuse en ce, qu'il
prend son obseruation comme du Pole, lequel est inuisi-
ble, parquoy deuōs obseruer l'estoille du Nort. Ce qu'en-

I 2

tendrez

rendrez en ceste maniere : Les estoilles de la petite Ourse
sont sept, desquelles l'estoille du Nort est la premiere. La
seconde est moindre, & est appellée dudit Medina, *la Sex-
te*, & va quasi vn Rumb, au respect de l'estoille du Nort,
apres les gardes : à sauoir, si les gardes sont Oëst, ceste estoille sera Nortoest, & ainsi a l'aduenant. Parquoy quád vous
voyez en quel Rumb est ceste estoille, facillement pouez
aussi cognoistre en quel Rumb sont les gardes. Mais par
ce qu'elle ne vient que vn Rumb apres les gardes, elle ne
peut tousiours satisfaire au besoin. Doncques pour auoir
vne regle generale, sachez que l'estoille appellé *Caput Me-
duse*, est directement à l'opposite de la premiere des gardes : de sorte qu'elle est tousiours dessus l'Orizon, quand
les gardes sont dessous. A ceste cause quand vous auez ordonné l'instrument, & que prenés l'heure par ceste estoille, regardés ou la reigle tombe, & tournés la iustement à
l'opposite en la reculant 12. heures : & laditte reigle vous
monstrera le Rumb ou sont les gardes. Semblablement
vous enseignera en la roüe mobile des heures, l'heure de la
nuict, & au bord de l'instrument, combien l'estoille du
Nort est dessus ou dessous le Pole. Neantmoins veu que
ceste estoille n'est de tous cognue, les Pilotes se pourront
aider d'vne autre estoille, nommée *Hircus*, ou *Bouc*, laquelle est vne des plus belles & claires qui soit au firma-
ment, & va quasi $9\frac{1}{2}$. heures deuant les gardes, de sorte que
quand la precedente des gardes est Est, vous trouuerez ceste
estoille, prenant vostre obseruation de l'estoille du Nort,
Nortoest : & quasi 45. degrez du Pole. Parquoy quand les
gardes sont dessous l'Orizó, & que cognoissés ceste estoille, ordonnés vostre instrument comme dessus, auec le dent

des

des 12. heures sur le iour du mois, & tenant l'inſtrument bien droiĉt auec la manche en bas, regardés l'eſtoille du Nort par le centre, & ceſte eſtoille Hircus le long du bord dextre de la reigle. Cela faiĉt, regardez quelle heure vous monſtre ladicte reigle: comtés d'icelle en reculant 9½. heures, & y mettés la reigle, elle vous monſtrera le Rumb des gardes, & ſur la roüe mobile des heures, l'heure de la nuiĉt, auſſy ſur le bord de l'inſtrument, côbien l'eſtoille du Nort eſt deſſus ou deſſous le Pole. Ceſte pratique eſt generale, laquelle pouez par voſtre induſtrie pratiquer, ſur toutes autres eſtoilles à vous cognues.

Des eſtoilles qui ſont aupres du Pole Antarĉtique.
Chap. XVI.

Vant aux eſtoilles qui ſont pres du Pole Antarĉtique, par leſquelles on pourroit trouuer la hauteur dudit Pole, il eſt certain que les anciés Aſtronomiens, à ſçauoir Ptolomeus, Timocharis, Hiparchus, & autres n'ont deſcrit nulle autre grande eſtoille plus pres du Pole Antarĉtique, que celle qui eſt nommée *Canopus:* laquelle ſelon les tables de *Copernicus*, decline maintenant dudiĉt Pole 38¼. degrez. Mais ceux qui nauiguent la mer de Sud trouuent autres eſtoilles, aux anciens inconnues, leſquelles de plus pres approchent lediĉt Pole. *Albericus Veſpucius* eſcrit de trois eſtoilles qui ont leur mouuement à l'entour du Pole Antarĉtique, faiſans enſemble vn triangle Reĉtangle, dont le milieu eſt 9⅗. degrez du Pole Antarĉtique. Les mariniers qui maintenant nauiguent laditte mer, s'aydent de 4. autres eſtoilles grandes, leſquelles

ils

ils appellent pour la situation, le Croisé. La plus grande
des 4. ils appellent le pied, celle qui est à l'opposite la teste,
& les autres deux les bras. Or quand ces estoilles sont en
croix ayant la teste droicte auec le pied, lors est l'estoille
qui est le pied separée du Pole Antarctique 3 o. degrez au
dessus du mesme Pole. Parquoy quand vous auez trouué
la vraye hauteur de ceste estoille par dessus l'Orizon, par
l'Arbaleste, on ostera 3 o. degrez, la reste vous monstrera la
hauteur du Pole. Mais d'autant que Pierre de Medina pilote de sa Maiesté en a descrit de cecy toutes les reigles, ie
me deporteray d'en parler plus amplement, attendant le
temps qu'aucuns Pilotes, ou autres gens doctes, hantans
la mer susdicte, nous donnent du tout plus ample co-
gnoissance.

Combien des lieuës on comtera pour degré, selon le Rumb qu'on tient en nauiguant. Chap. XVII.

PVis que nous auons manifesté & decouuert au
bon Pilote tous les secrets, de trouuer facillemét
à toute heure de nuict la hauteur du Pole, ou la
latitude de la region, en tout lieu du monde: par laquelle
hauteur, ensemble le Rumb qu'il a tenu en nauiguant, il
peut à toute heure ordonner son poinct en sa Carte marine, signifiant le lieu ou il est, de maniere qu'il pourra facillement cognoistre le chemin qu'il aura faict, & encore
doibt faire en mer: lequel sachant, il sera necessaire qu'il
sache combien des lieues il comtera pour le mesme voyage. A quoy faire, debuez premierement sauoir, que ceux
qui

qui nauiguent iuſtement Nort ou Sud, demeurent touſiours deſſous vn grand cercle du ciel, qu'on appelle Meridien. Or quand ils ont tant nauigué, que la hauteur du
Pole eſt changé d'vn degré, lors ont ils faict 17½. lieuës.
Semblablement ceux qui nauiguent Eſt ou Oëſt, demeurent touſiours ſous vne meſme hauteur du Pole, c'eſt à dire ſous vne parallele equidiſtãte du Pole, de maniere qu'ils
ne trouuent aucun changement en la hauteur du Pole: &
par ainſi ne ſauent cõmter aucun chemin, que par vn autre moyen aux Pilotes incognu, lequel cy deſſous ſera par
nous enſeigné. Mais nauiguant Nort ou Sud, declinant
vn Rumb à l'Eſt ou Oëſt, iuſques à tant que la hauteur du
Pole ſera, comme deſſus, changé vn degré, lors ſera ce chemin plus que 17½. lieuës. Et s'ils nauiguent declinans deux
Rumbs du Nort ou Sud, iuſques à tant qu'ils trouuent,
comme deſſus, le Pole vn degré plus haut ou plus bas, le
chemin ſera lors beaucop plus long. Brief, tant plus ils
declinent du Nort ou Sud, à l'Eſt ou Oëſt: tant ſera le chemin plus long, car, comme nous auons dict, quand ils
nauiguent iuſtement Eſt ou Oëſt, il n'y a nul changemét
de la hauteur du Pole. Mais pour mieux entendre, cõbi-
bié de lieuës doiuent eſtre côtées en chacun Rumb, pour
degré: prenés qu'é la figure ſuiuãte, *A* ſoit la place ou point
en la Carte, d'ou vous partirés, ſitué en la parallele *A B*.

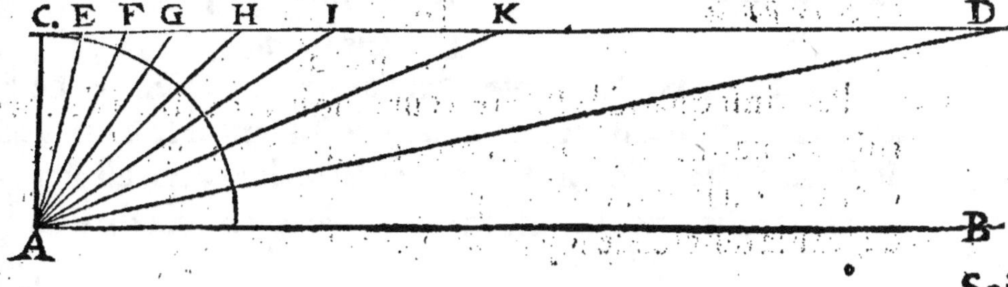

Soit

Soit aussi *C D.* vn autre parallele, de maniere que la distance entre *A. C.* soit vn degré de la hauteur du Pole. Or si nauigués de *A.* iustement à l'Est ou Oëst, vous demeurerez tousiours en la parallele *A E.* equidistant du Pole. Mais si nauiguez de *A.* iustement au Nort, tant que la hauteur du Pole est augmenté d'vn degré, vostre nauire sera en *C.* Item si vous nauiguez par le premier Rumb du Nort à l'Est, tãt que profités vn degré en la hauteur du Pole, vous viédrez de *A.* en *E.* lequel chemin sera par la doctrine d'Euclide, plus loing que de *A.* en *C.* Mais si nauiguez de *A.* iusques à la parallele de *C D.* par le secõd Rumb, vous viendrez en *F.* si par le tiers Rumb en *G.* & ainsi des autres. Car tant plus approcherez à l'Est, tant sera le chemin plus long, pour augmenter vn degré de la hauteur du Pole. Et ainsi que nous disons de ce quart du Nort à l'Est, entendrez aussy des autres trois quarts : à sçauoir, de Nort à Oëst, de Sud à Est, ou de Sud à Oëst. Mais combien de lieuës chacun degré donne selon le Rumb qu'on nauigue, cognoistrez par la table suiuante.

Nauiguant de Nort ou Sud, à Est ou Oëst, iusques à tant qu'on change vn degré de la hauteur du Pole, ledit degré donnera par le		
1. Rumb	$17\frac{5}{6}$	
2. Rumb	$18\frac{14}{15}$	
3. Rumb	$21\frac{1}{20}$	
4. Rumb	$24\frac{3}{4}$	*Lieuës.*
5. Rumb	$31\frac{1}{3}$	
6. Rumb	$45\frac{3}{4}$	
7. Rumb	$89\frac{1}{3}$	

Par ainsi quand le Pilote veut sauoir, combien de chemin il a nauigué : premierement il doibt sauoir la hauteur du Pole, du lieu d'ou il est party, aussi du lieu ou il est arriué, car la difference luy mõstre, combiẽ la hauteur du Pole

eſt changée. Apres il doibt regarder en la table preceden=
te, combien des lieuës luy viennent pour degré, à ſçauoir
ſous le Rumb qu'il a tenu en nauiguant. Car multipliant
ce nombre des lieuës par le nombre des degrez de la difference du Pole, le produict luy monſtrera cōbien de lieuës
il a nauigué. Or maintenant doibt on conſiderer, que le
changemét du vét, cauſe aucunefois que le chemin ſe faict
plus court ou long. Parquoy vn Pilote qui eſt biē exercité
au faict de la nauigatió, y doibt à la fois, oſter ou adiouſter
quelque peu par coniecture, ſelon l'exigence de la choſe.

Semblablement lon peut par la precedente figure facilement entendre, combien en nauigant on a changé en
longitude: c'eſt à dire, combien des degrez & minutes on
eſt ſeparé en longitude du Meridien de la place d'ou on
eſt party, ſoit à l'Eſt ou Oëſt. Car qui de *A.* commé deſſus
eſt dict, nauigue iuſtement au Nort ou Sud, demeure touſiours deſſous vn meſme Meridien. Mais qui nauigue par
le premier Rumb à l'Eſt ou Oëſt, tant qu'il change vn degré en la hauteur du Pole, & vient en *E.* eſt deſia ſeparé de
ſon premier Meridien, autant que monte la diſtance en-
tre *C.* & *E.* ce que nous trouuons eſtre $3\frac{1}{2}$. lieuës pour vn
degré de latitude, qui monte à 12. minutes d'vn degré. Et
ainſi des autres Rūbs, cóme appert par la table enſuiuante.

Nauiguant de Nort ou	1. Rumb 3 $\frac{1}{2}$	12. *minu.*
Sud, à Eſt, ou Oëſt, tant	2. Rumb 7 $\frac{1}{4}$	25. *minu.*
qu'on a changé vn degré	3. Rumb 11 $\frac{2}{3}$	40. *minu.*
en la hauteur du Pole,	4. Rumb 17 $\frac{1}{2}$ Lieuës,	1 *degré.*
on change auſſi de Me-	5. Rumb 26 $\frac{1}{5}$ qui font	1 $\frac{1}{2}$. *degré.*
ridien, pour le	6. Rumb 42 $\frac{1}{4}$	2. *de.* 15. *m*
	7. Rumb 88	5. *de.* 2. *m.*

Si quelqu'vn (par forme d'exemple) nauigue de Liſ-
bone, Sudoeſt quart à l'Oeſt, qui eſt par le 5. Rumb de Sud
à Oëſt, & a tant nauigué, qu'il trouue la hauteur du Pole
18. degrez moins qu'à Lisbone: & veut ſauoir combien de
lieuës qu'il a nauigué, auſſi combien le Meridien du lieu
ou il eſt, eſt plus Occidental de celuy de Lisbone: (ce qui
ſe peut facilemét ſauoir par les deux tables precedentes) il
prédra en la premiere table au 5. rûb les 31$\frac{1}{2}$. lieuës, qui vié-
nét pour chacû degré: leſquelles multipliez par 18$\frac{1}{2}$. le produict ſera 582$\frac{3}{4}$. lieuës, qu'il a nauigué. Puis en la ſeconde
table au 5. rumb trouuera 1$\frac{1}{2}$. degré: lequel multiplié par
18$\frac{1}{2}$. prouiennent 27$\frac{3}{4}$. degrez, que Lisbone eſt plus Oriental, que le lieu ou il eſt. Mais qui le voudroit ſauoir bien
precis, il luy faudroit cháger ces degrez ſeló l'exigence des
paralleles du ciel, ainſi que cela de pluſieurs eſt enſeigné.

Parquoy ie ne me puis contenir, de dire quelque mot
de l'imperfection, que les lignes droictes cauſent és Cartes
marines. Car nulle nauigation ne peut eſtre droicte, pour
la rondeur du monde. Qui nauigue Nort ou Sud, demeure touſiours ſous vn grand cercle du ciel, appellé Meridié.
Qui nauigue Eſt ou Oëſt, demeure auſſi touſiours ſous vn
cercle equidiſtant du Pole. Mais qui prend aucun des autres Rumbs, nauigue par voyes obliques & lignes ſpirales,
qui ne ſôt ny cercles, ny lignes droictes. Parquoy le deſſuſ-
dit Medina en ce s'abuſe, diſant que toute nauigation eſt
en rondeur du cercle, ce qui eſt faulx, reſerué les 4. rumbs
principaulx. Qui eſt auſſi la cauſe, que ceux qui nauigüent
par rumbs obliques, font plus grand chemin, qu'ils ne
penſent auoir nauigué par les reigles ſuſdittes, principal-
lement quand le voyage eſt loing.

Sur la fin du 4. chapitre de ce liure, auons bien amplement discouru, de la proprieté des Rumbs, ensemble de ce
qu'en depend: A sçauoir qu'iceux, au respect de la place,
ou l'homme se tiendra ferme, sont cercles grands, qu'on
dict Verticaux, menés du Zenith de ladicte place, iusques
à l'Orizon: Mais les nauires poursuiuans en la mer leur
voyage selon le cours de quelque Rumb qui n'est des 4.
principaux, ne le feront en cercles grands, ains en lignes
courbes & obliques, selon le continuel changement qu'il
faict & de Zenith & d'Orizon: des quatres Rumbs principaux est celuy du Nort, & Sud le plus parfaict & droict,
celuy de l'Est, ou Oëst est entierement rond, mais les autres qui viennent entredeux vont en lignes spirales, & sont
partout obliques & imparfaicts. Car, comme dict est, si vn
nauire prend la route selon le cours d'aucun de cesdits autres Rumbs, il est certain qu'iceluy s'approchera bien peu
à peu de l'vn des Poles au long de sa ligne spirale, mais ne
pourra oncques venir au dessoubs d'iceluy. Parquoy en
est bien grandement abusé. M. Claude de Boissiere Dau-
phinois, quand il dict en son exposition sur la Mappe-
monde de Gemma Frizon, que tous les voyages, qui se
font hors les 4. Rumbs principaux, finissent tous en l'vn
des Poles du monde. Ce que nous auons tant de fois demonstré estre impossible. Car il n'y a homme, tant soit
peu exercité en l'Astronomie, qui ne sçait, que l'on ne peut
venir au dessoubs des Poles, que par le Rumb du Nort, ou
Sud, qu'on nomme le Meridien. Et que tous les aultres
Rumbs le meslent & guident tousiours, du Pole vers la
main dextre ou senestre, selon le rumb qu'il ensuit.
Or pour retourner à nostre propos, qui est, que quand

 on

on compte, comme dict est, 17½. lieuës pour le chemin
qu'on faict par le rumb de Nort ou Sud, pour changer vn
degré de haulteur de Pole, & que cedict chemin, en se de-
uoyant du rumb de Nort ou Sud, vers le rumb de l'Est,
ou Oëst, augmente peu à peu, de telle sorte qu'il deuient
infini audict rumb de l'Est, ou Oëst, ie dy doncques que
de cest argument ensuit ceste demande: Asçauoir si vn nauire se depart de l'Equinoctial, en delaissant le rumb de
Nort & Sud, mais préd sa route par quelque aultre rumb,
iusques à tant qu'il trouue la haulteur du Pole à vn degré,
aussi que semblablement vn aultre nauire se depart de
quelque haure, éloigné de l'Equinoctial, faisant voile par
le mesme rumb, comme le premier, iusques à tant qu'il
aura semblablement changé, la haulteur du Pole d'vn
degré, assauoir si le chemin faict par l'vn & l'autre nauire
sera egal, ou s'il est inegal, on demande lequel aura faict
plus de chemin. Pour à quoy respondre, sault premierement sçauoir, que tous les autheurs, qui iusques à present
ont escript de ceste matiere, comme sont Martin Cortez,
Gemma Frizon, Pierre de Medina, auec son commenta-
teur Nicolas de Nicolai, &c. n'ont faict aucune distin-
ction en cecy, ains disent generalement que ceste regle de
lieuës qu'on compte pour vn degré selon le rumb qu'on
tient, peult estre vsée à toute haulteur du Pole que ce soit.
Mais i'approuueray le contraire, car ie dy, que quand on
prend esgard, à la proportion du cercle Equinoctial, & à
ses paralleles, qui gueres ne distent du Pole, que lon trouuera certainement que lesdits paralleles par leur continuelle diminution causeront que tous les rumbs, qui au
cercle de l'Equinoctial vont quasi en lignes droictes, de-
uiendront

uiendront entre ces paralleles tant obliques & courbes, que neceſſairement le chemin que le ſuſdict nauire faict entre les paralleles, ſera beaucoup plus grand que celuy qui nauigue du cercle Equinoctial. Mais quand à ce que ie dy, que les rumbs vont pres de l'Equinoctial en lignes droictes, il fault entendre que la table des lieuës cy deſſus miſe, eſt ſupputée par le moyen de lignes droictes, comme la figure & l'explication y donnée le demonſtre, laquelle table ſi nous la cerchons autrement pour le cercle Equinoctial par le moyen des tables de Sinus, il eſt certain que nous la trouuerons tout entierement ſemblable à la premiere, dōt s'enſuit que les rumbs pres dudict Equinoctial, vont ſi treſdroictes qu'entre iceux & lignes droictes n'eſt differéce ſenſible. Or pour faire ces ſupputations, il faut ſçauoir que la grandeur de l'angle de chacun rumb, eſt touſiours $11\frac{1}{4}$. degrez, car ſi le cercle de l'Orizon, lequel les Mathematiciens diuiſent en 360. degrez, eſt reparty par les maronniers & pilots modernes en 32. rumbs, il faut que chacun rumb comprendra $11\frac{1}{4}$. degrez dudict horizon.

L'angle du premier rumb eſt doncques $11\frac{1}{4}$. degrez, celuy du ſecond, $22\frac{1}{2}$. degrez, du tiers $33\frac{3}{4}$. degrez, du quatrieſme 45. degrez, du cincquieſme $56\frac{1}{4}$. degrez, du ſixieſme $67\frac{1}{2}$. degrez, du ſeptieſme $78\frac{3}{4}$. degrez, & pour ſçauoir l'arc du voyage qu'vn nauire faict en chacun rumb, depuis le cercle Equinoctial, iuſques à la hauteur du Pole d'vn degré, il fault prendre le Sinus d'vn degré, qui eſt 1745. lequel multiplieras par le Sinus entier, & il prouiendra 174500000. ce produict s'il eſt party par le Sinus du complement de l'angle de chacun rumb, le quotient rendra le Sinus, dont l'arc te demonſtrera la grandeur du chemin

par degrez & minutes, mais en prenant 17½. lieuës pour
degré, le chemin de chacun rumb, sera cognu pour le cercle Equinoctial.

Ensuit le compte susdict.

Diuisez	1. Rumb 98078		1779
174500000.	2. Rumb 92387		1888
par le Sinus du	3. Rumb 83146		2098
complement de	4. Rumb 70710	Et vient	2467
l'angle du	5. Rumb 55557		3140
	6. Rumb 38268		4559
	7. Rumb 19509		8944

Dont l'arc fait, comme s'ensuit pour chacun rumb, lequel auons reduict en lieuës à raison de 17½ lieuës pour vn
degré.

	1. Rumb, 1. degré, 1. m.		$17\frac{12}{24}$
	2. Rumb, 1. degré, 5. m.		$18\frac{23}{24}$
Fait l'arc de	3. Rumb, 1. degré, 12. m.		$21-$
la grandeur	4. Rumb, 1. degré, 25. m.	qui font	$24\frac{19}{24}$ lieuës
du chemin au	5. Rumb, 1. degré, 48. m		$31\frac{1}{2}$
	6. Rumb, 2. degré, 37. m.		$45\frac{19}{24}$
	7. Rumb, 5. degré, 8. m.		$89\frac{5}{6}$

Voicy doncques que ce nombre des lieuës, supputées
pour chacun rumb au cercle de l'Equinoctial, est par tout
egal à ceux qu'auons mis cy dessus au commencement de
ce chapitre, calculées par le moyen des lignes droictes. De
sorte que tous ces rumbs, de l'Equinoctial, comme dit est,
vont quasi en lignes droictes. Mais si quelqu'vn se trouue
à l'eleuation du Pole de 50. 60. 70. degrez ou plus, il sera
certain que la susdicte table ne luy seruira entierement,
car ie dy qu'il trouuera que le chemin sera plus grand que

la

la table luy demonſtre, & ſingulierement ſur le 6. ou 7.
rumb,& tant qu'il viendra plus pres du Pole, pour autant
luy accroiſtra auſſy ceſte difference . Car cedict 6. ou
7. rumb , font leurs voyages ſpirales , entre ces paralleles (qui viennent ſi pres du Pole) tant obliques courbes que neceſſairement ils deuiennent peu à peu plus longs
que ne font les autres rumbs,qui tiennent touſiours leurs
cours plus droits,& par conſequent ne font tant de difference d'auec la table, que ces deux autres.Mais pour comprendre mieux ceſte variation, il nous ſemble bon de ſup-
puter autrefois par le moyen des tables de Sinus, ceſte table des lieuës qu'on compte en chacun rumb pour vn degré,& ce pour le parallele de 60.degrez de haulteur de Pole, affin de voir par ce moyen la difference des lieuës que
donne ce parallele au reſpect de celles de l'Equinoctial.

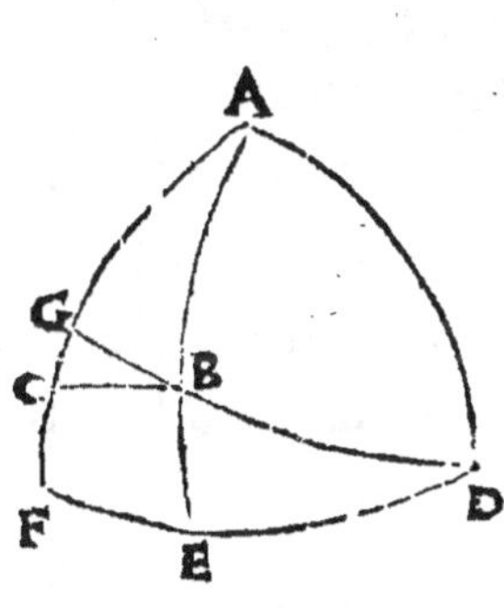

Soit doncques le poinct du coupeau *A.* le quart de l'Orizon *F. D.*
le Pole Septentrional *B.* le quart
du cercle Meridien *A B E.* mon-
ſtrant ſur l'Orizon le poinct du
vray Nort en *E.* l'arc *B E.* eſt ſelon
le parallele de 60. degrez , & ſon
complement *A B.* eſt 30. degrez.
Or poſons le cas que le cercle vertical *A F.* ſoit celuy du 4.
rumb du Nort vers l'Eſt , l'arc de l'Orizon *E F.* ſera doncques 45.degrez. Et ſoit le nauire en *A.*à l'eleuation du Pole
de 60.degrez nauigant cedict rumb de Nort Eſt , iuſques
à tant qu'iceluy ſoit venu en *C.*ou le Pole ſera vn degré plus
hault à ſçauoir 61. degrez : La demande eſt, combien ceſt
arc *A C.*ſera?Mais deuant que nous pouós reſpondre à cela,

faut

faut premierement tirer le quart de cercle *A D.* & du poin[t]
D. ſoit deſcript vn autre quart d'vn cercle *DBG.* paſſant le
Pole *B.* iuſques à tant qu'il coupe le cercle vertical *A F.* en
G. Et l'arc *BG.* ſera le premier que nous cercherons, mais
pour le faire dictes:

Le Sinus entier du quart du Meridien, ſe tient au Sinus
de l'arc *EF.* tout ainſi que le Sinus de l'arc *AB.* au Sinus de
l'arc *BG.* mais de ces quatre nóbres proportionnaux, ſont
les trois donnés, par l'argument de la demande, il s'enſuit
doncques, que le 4. ſera bien toſt trouué, par la 19. du 7.
d'Euclide.

A E	E F	A B
90.	45.	30.
100000.	70710.	50000?

Vient pour le 4. nombre ce Sinus 35355. dont l'arc fait
20. degrez 42. m. pour *BG.* & ſon complement eſt 69. degrez 18. m. pour *B D.* Duquel le Sinus ſe tient au Sinus de
l'arc *BE.* tout ainſi que le Sinus entier au Sinus de l'arc *FG.*
& à cauſe que de ces 4. nombres proportionnaux les trois
ſont deſia donnés, il s'enſuit que le 4. ſera ſemblablement
trouué.

B D	B E	D G
69.18.	60.	90.
93544.	86602.	100000?

Pour le 4. nombre prouient 92578. dont l'arc fait 67.
degrez 47. m. pour *FG.* & ſon complement faict 22. degrez
13. m. pour *AG.* lequel te faut garder, tant que l'arc *CG.* ſoit
trouué, lequel cercherez en ceſte ſorte: Dictes que le Sinus
du

du complement de l'arc *BG.* se tient au Sinus du complement de l'arc *BC.* tout ainsi que le Sinus entier au Sinus du complement de l'arc *CG.* Des 4. nombres proportionnaux, en sont derechef les 3. cognus, partāt le 4. sera trouué.

Comp. BG	Comp. BC	
69.18.	61.	90.
93544.	87461.	100000?

Vient pour le 4. nombre 93477. dont l'arc fait 69. degrez, 13. m. & son complement est 20. degrez 47. mi. pour l'arc *CG.* que nous cerchàmes.

Ostez maintenant cest arc *CG.* qui fait 20. degrez 47. m. de l'arc *AG.* qui faict 22. degrez 13. min. & il en restera 1. degré 26. m. pour l'arc de *A.* en *C.* que le nauire fera au 4. rumb, pendant qu'il nauigue depuis le parallele de 60. degrez de haulteur de Pole, iusques au parallele de 61. degrez c'est qu'il gaigne vn degré en la haulteur du Pole. Or si on compte 17½ lieuës pour vn degré, il s'ensuit que cest arc *AC.* fera 25 1/12. lieuës, pour le chemin du 4. rumb au parallele de 60. degrez, & en la mesme sorte auons calculé la longueur du chemin de chacun rumb, pour le susdict parallele de 60. degrez de hauteur de Pole.

Ensuit la table du parallele de 60. degrez de haulteur du Pole, demonstrant combien de lieuës lon comptera en chacun Rumb pour vn degré qu'on change de haulteur de Pole.

L Faict

Faict l'arc	Du 1. Rumb, 1. degré 1. m.	*qui font lieuës à raiſō de 17½.*	$17\frac{19}{24}$
	Du 2. Rumb, 1. degré 5. m.		$18\frac{23}{24}$
	Du 3. Rumb, 1. degré 12. m.		21
	Du 4. Rumb, 1. degré 26. m.		$25\frac{1}{12}$
	Du 5. Rumb. 1. degré 50. m.	*lieuës pour chacũ degré.*	$32\frac{1}{12}$
	Du 6. Rumb, 2. degrez 42. m.		$47\frac{1}{4}$
	Du 7. Rumb, 5. degrez 44. m.		$100\frac{1}{3}$

Or pour conferer toutes ces tables l'vne auec l'autre, il faut conſiderer que la premiere miſe au commencement de ce chapitre, eſt la commune, qui de tous autheurs eſt cognue, laquelle eſt calculée par la proportion des lignes droiĉtes, tout ainſi que les rumbs ſont mis aux cartes marines. La ſeconde eſt ſupputée pour le cercle Equinoĉtial, ſelon la ſcience des arcs & lignes courbes cōme les rumbs de par ſoy meſmes ſe demonſtrent effeĉtuellemét en tous voyages, laquelle table trouuons tout entierement ſemblable à la premiere. Et ceſte derniere qui eſt la tierce auōs ſupputé, pour les rumbs qui viennent au deſſous du Pole de 60. degrez de hauteur, laquelle quant aux trois ou quatre premiers rumbs, ne differe nullement d'auec les precedentes, mais toute la variation eſchet ſur les trois derniers rumbs, & entre leſdits eſt celle du 7. ou dernier rumb la plus grande, comme facilement ſe peut voir. Laquelle difference s'augmente proportionnellement ſelon qu'on s'eloigne peu à peu de l'Equinoĉtial, de ſorte que ſi le chemin du 7. rumb ſe trouue pour vn degré au cercle Equinoĉtial $89\frac{2}{3}$ lieuës, lon trouuera qu'iceluy ſera 96. lieuës à la hauteur du Pole de 50. degrez, $100\frac{1}{3}$. lieués à la hauteur de 60. degrez, $106\frac{1}{2}$ lieués à la hauteur de 70. degrez, & ainſi augmente cediĉt chemin continuellement ſelon

qu'on

qu'on s'approche peu à peu du Pole.

Le semblable aduient à tous les autres rumbs selõ leur proportion, & situation au respect du Pole. Car il est certain que quand on vient soubs la hauteur du Pole Septentrional de 89.degrez,&que lon nauigue par quelque rumb que ce soit de Nort vers l'Est ou l'Oëst, qu'alors le chemin sera infini deuant qu'on pourra gaigner vn degré en la hauteur du Pole, combien qu'on s'approche bien continuellement peu à peu dudict Pole Septentrional, & le semblable se trouuera à l'autre Pole opposite ou de Sud. Et à cause que tout ce discours des ralonguements des rumbs qui vont en lignes spirales, est cydeuant sur la fin du 4.chapitre bien amplement deduict, il seroit superflu de le repeter autrefois,sachant que tous Pilotes d'entendement, comprendront bien tost le moyen pour s'en seruir de ces tables des lieuës,generalement selon la haulteur du Pole ou ils se trouueront, veu que lesdictes tables, iusques au 3.ou 4.rumb,ne donnent en quelque parallele qui soit depuis l'Equinoctial iusques à l'eleuation du Pole de 60. ou 70.degrez,quelque variation qui soit sensible, ou d'estime,mais toute la difference eschet communemét comme dict est,sur le 6 ou 7.rumb,selon la hauteur du Pole,au dessoubs de laquelle ils nauiguent.

Quelle faute donne la nauigation, faicte par vn Rumb contraire. Chap. XVIII.

SI aucun vient à faillir à la coniecture des rumbs, qu'il doibt tenir en son voyage, & qu'il nauigue vn rumb plus haut ou bas qu'il ne doibt, il sera

 forvoyé

foruoyé de fon chemin qu'il a fait pour chaque 100.lieuës
19⅘.de lieües,lefquels il fera plus haut,ou plus bas que n'eft
le port ou il doibt arriuer, felon qu'il aura failly à prendre
fa route. Et ce eft bien peu moins que ⅕. de fon voyage
Celuy qui aura failly de deux Rūbs, fera foruoyé 3 9.lieües
en vn voyage de 100. lieües . Qui s'eft foruoyé de trois
rumbs,58.lieües.Qui 4.fera foruoyé 76½.lieües,& ainfi des
autres le tout fur 100.lieües de nauigatió. Ce que i'ay voulu en paffant aduertir, affin que les Pilotes ,ayans commis
telle faute,la fauroient remedier.

Des Marées. Chap.XIX.

AVant qu'vn Pilote s'auancera d'entrer en aucun
port, riuiere, ou eftappe, pour defcendre en terre,
il luy eft neceffaire de bien fauoir, auec plufieurs
autres chofes,comter les marées de haute & baffe mer,lef-
quelles font fuiectes,comme tous gens doctes , & la continuelle experience nous demonftrent , au mouuement de
la Lune.Car nous trouuons que la Lune caufe ordinairement toufiours en vn certain rumb plaine mer : comme
par exemple: A Anuers eft toufiours plaine marée, quand
la Lune eft Eft ou Oëft:& au contraire baffe marée,quand
elle eft Sud ou Nort. Or quand la Lune eft nouuelle elle
eft pres du Soleil , & fe leue ou couche quafi auec le Soleil.
Semblablement quand elle eft plaine, elle eft iuftement à
l'oppofite du Soleil: parquoy le Nort ou Sud donne toufiours quand la Lune eft nouuelle,ou pleine,12.heures: &
Eft & Oëft 6.henres: referué quand la Lune eft aux fignes
fuperieurs du Zodiaque,à fçauoir, en Gemini, Cancer,&
Leo:

Leo: car lors elle viendra au matin (principalement en ces
pais) quasi 2.heures plus tard à l'Eft, & du foir autant plus
tempre à l'Oëft. Cefte chofe doibt vn Pilote tresbien con-
fiderer,car plufieurs en ont efté trompé. Vous pouez doncques par les rumbs comter l'heure de pleine mer quand la
Lune eft nouuelle ou pleine. car les 3 2. rumbs donnent
24 heures,qui font $\frac{3}{4}$ d'vn heure pour chacun rumb . Parquoy fi Nort & Sud donnent 12.heures,le premier rumb
donne $\frac{3}{4}$ d'heure,le fecond 1$\frac{1}{2}$ heure , le tiers 2$\frac{1}{4}$.& ainfi des
autres,de maniere que Eft & Oeft donne 6. heures , ainfi
que par experience trouuons à Anuers,quand la Lune eft
nouuelle ou pleine:mais elle retarde chacun iour par l'âge
de la Lune,ce que nous traitterons cy deffous.

Or puis que le fondament de ce comte prouient de la
connoiffance des rumbs de la Lune,aufquels icelle en chacun lieu faict haute marée: nous auons pour memoire icy
voulu adioufter aucuns, ainfi que par experience fe font
trouué des Pilotes experimentez.

Nort & Sud 1 2. heures.

A la cofte de Flandres, à Enchufe à terre , à l'Efclufe à
terre, à Doures,deuant l'Elue,deuant la grande Condade,
à Hampton,deuant Emde & Horne,&c.

Nort quart au Norteft, & Sud quart au Sudoëft. $\frac{3}{4}$.

Deuant Port oreal,Beueziere en mer,à Camfer,à Hamton à la riue, au Ras de Fontenay, &c.

Nort Nortëft, & Sud fudoëft. 1$\frac{1}{2}$.

Deuant Flifsinges & Armude,& toute la cofte de Zelande: la place de S.Mathieu , à Calis Malis , au deffous
terre Sainéte,a l'entrée de la Tamife deuant Londres, deuant la Meufe, &c.

L 3   *Norteft*

Nortest quart au Nort, & Sudoëst quart au Sud. $2\frac{1}{4}$.

Deuant S. Lucas & Lisbone, aussi deuant Bordeaux, &c.

Nortest & Sudoëst.   3.

Les costes d'Espaigne, Gascoigne, & Bretaigne, la plage Orientale de VVicht, estappes de Amsterdam, &c.

Nortest quart à Est, & Sudoëst quart à l'Oëst. $3\frac{3}{4}$.

Aupres la plage S. Mathieu, en la riuiere de Bourdeaux, à Blancqueberge, & par dehors les bancqs de Flandres, &c.

Est Nortest, & Oëst Sudoëst. $4\frac{1}{2}$.

Dedens Zelande au Canal: de Tessel iusques aux estappes au Canal: la coste Occidentale d'Irlande, dedens Falmue, au port de S. Paul, &c.

Est quart au Nortest, & Oëst quart au Sudoest. $5\frac{1}{4}$.

A Plemue, au port de Dortmue, dés les Sorlingues iusques à Mulverde: à Brusten, &c.

Est & Oëst.   6.

A Anuers, & Hambourg, aux Sorlingues, dedens S. Paul, deux lieuës hors de Heyssant, à Marsdiep, &c.

Est quart au Sudëst, & Oëst quart au Nortoëst. $6\frac{3}{4}$.

Au milieu du Canal, à Bristo en Angleterre, dehors Lissart, &c.

Est Sudest, & Oëst Nortoëst. $7\frac{1}{2}$.

Hors de Dortmuë, & Plemuë, en Portlant sur la Rede: entre Munhol & Falmue en mer, &c.

Sudest quart à l'Est, & Nortoëst quart à l'Oëst $8\frac{1}{2}$.

Hors les Kiskas & Heyssant, de VVicht à Beuesiere pres de terre, pres l'Oëst à Portlant &c.

Sudest & Nortoëst.   9.

La plage Occidentale de VVicht, au Ras de Portlande,

à la

à la bouche du Flie, S. Helaine, au plain de Hollande, &c.

Sudeſt quart au Sud, & Norteſt quart au Nort. 9¾.

A l'aiguille de VVicht, à Kiſkas en mer, au droiĉt Canal de Heyſſant, du long de toute la Friſe, deuant la Flie, à Gouwe, à Ramſdiepe, &c.

Sud ſudeſt, & Nort norteſt. 10½.

Deuant & à l'Eſt de VVicht, au milieu du Cannal, à Diepe, à Boloigne, à Leytſtaf ſur la Rede, &c.

Sud quart au Sudeſt, & Nort quart au Nortoëſt. 11¼.

A Ryge en Angleterre à la riue, à Kalckers oort iuſques à Hamton & Portmue, pres de Beueſiere, &c.

Quand vous ſçauez en quel rumb la Lune donne pleine mer en aucun lieu, vous ſçaurez incontinent (comme deſſus eſt enſeigné) l'heure quand ce ſera, la Lune eſtant nouuelle ou pleine leſquelles heures auons cy deſſus miſes aupres de chacū rumb. Mais ſi voulez chaque iour ſauoir l'heure qu'il ſera pleine mer, pour le premier debuez entendre, que la Lune retarde en 30. iours 24. heures, qui monte pour iour ⅘. d'vne heure, & autant eſt ce qu'elle ſe ſepare chaque iour du Soleil. Parquoy debuez ſauoir le quantieſme iour vous auez dés la nouuelle Lune precedente, lequel nous appellons communement l'âge de la Lune, & prenés pour chacun iour, comme deſſus eſt diĉt, ⅘. d'vne heure, ce qu'en prouiét adiouſtés aux heures qu'il eſtoit pleine mer, eſtant la Lune nouuelle ou pleine, & aurez cháque iour l'heure de pleine mer. Aucuns pour euiter le trauail d'ainſi comter, ont tables particulieres, mais le moyen plus facil, eſt par vn petit inſtrument qu'auons à ce ordonné en ceſte maniere: Vous pouez pour la commodité, ordonner ceſt inſtrument des marées ſur le dos de

l'inſtrul'inftrument de l'eftoille du Nort , cy deffus defcrit au chap.14.en cefte maniere: Tirés vn cercle fur le dos dudiçt inftrument,diuifés le en 30.iours, pour l'âge de la Lune, mettant 30.deffus & les autres nombres enfuiuans vers la main droiçte. Cela faiçt,fabriqués vn rond reparty en 24. heures, & en 32. rumbs , ordonnant Nort & Sud fur les douze heures: Eft & Oëft fur les 6. heures , & les autres à l'aduenant,& ainfi aurez voftre inftrument parfaiçt,dont l'vfage fera tel.

Premierement debuez fçauoir le rumb de la Lune,qui à vn tel lieu donne pleine mer, & l'âge de la Lune d'iceluy iour par quelque Almanach,ou autre inuention, defcritte par Pierre de Medine,ou autrement,ou comme cy deffous fera enfeigné. Ayant ces deux chofes,tournés le rond des heures & 32 rumbs , tant que voftre rumb refponde iuftement aux 30.iours de l'inftrument, ou l'arrefterez ferme,& cerchés au bord de l'inftrument le iour de l'âge de la Lune,lequel vous monftrera au rondeau des heures, iuftement l'heure d'iceluy iour, qu'en tel lieu fera pleine mer: & de ceft inftrument s'enfuit la figure.

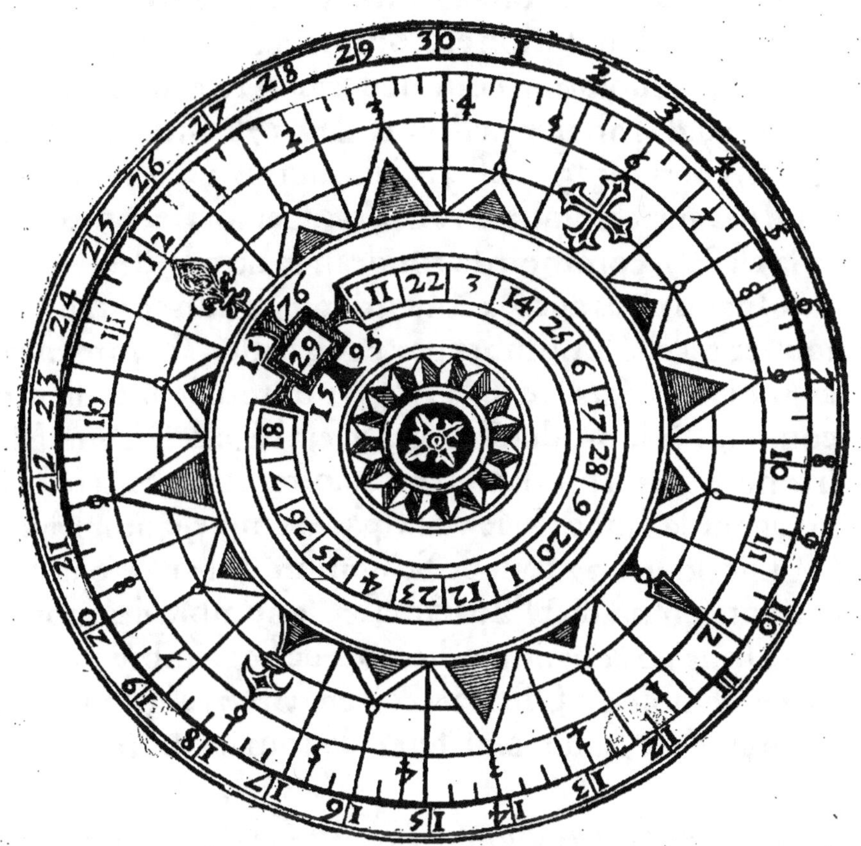

Item pour sçauoir bien facillement l'âge de la Lune à
chacun iour du mois, trouués pour le premier la clef de la
Lune, dicte Epacte ou Concurrente, laquelle auons ordonnée sur cest instrument entre deux cercles, & faict sa
reuolution en 19.ans: en commençant à la ✚ auec les ans
complets de la natiuité de Christ 1576. Or comtés de la
clef 29.estant au centre de la croix, les ans complets depuis
les 1576.auec l'an courant, & le fin de vostre comte monstrera la clef de cest an courant, laquelle vous seruira dés
le mois de Mars du mesme an, iusques au Mars de l'an ensuiuant.

M   Nous

Nous auons ordonné, & mis pres de la croix l'an 157 quand ceste reuolution est commencée: & 1595. quan vne autre reuolution commencera. La clef de l'an 157 estoit 29. de l'an 1577. estoit 11. de 1578. estoit 22. & cell de l'an courrant 1579. est 3. Celle de l'an 1580. sera 14. & ainsi des autres iusques à l'an 1595. Car lors recommence ra la clef 29. comme ledit rondeau le demonstre.

Quand vous auez la concurrente de l'an courant, ad ioustez à icelle le nombre des mois passez (commençan au mois de Mars) & le   nôbre des iours du moi courant, & le produict   sera l'âge de la Lune: Mai si le nombre du produict passe 30. ostez les 30. & la reste se ra l'âge de la Lune. Or ie veux (par exemple) sauoir l'âge de la Lune pour le 27. iour de Septembre de l'an 1579. la con currente qu'on dict l'Epacte est 3. le nombre des mois est 7. qui font 10. & 27. iours du mois de Septembre, le tout faict ensemble 37. Ostez 30. & il en reste 7. à sçauoir l'âge des iours de la Lune: ainsi ferez de tous les autres.

La maniere de nauiguer Est & Oëst, bien claire-
ment demonstrée par aucunes reigles &
exemples. Chap. XX.

Ous auons declaré au 17. Chapit. le moyen pour facillement sauoir combien de lieuës on a naui gué, & ce par la connoissance de deux choses: àsça uoir, par le changement de la hauteur du Pole, & par le rumb du Compas marin qu'on a tenu durant le voyage. Or s'il aduient que le Pilote nauigue Est ou Oëst, lors il ne trouue aucun changement de la hauteur du Pole, parc e qu'il

qu'il nauigue touſiours ſous vne meſme parallele equidiſtante du Pole.

Dont s'enſuit que le Pilote n'a nul certain moyen pour
comter ſon chemin, que par coniecture: eſtimant combié
de lieuës il peut nauiguer pour iour, ſelon qu'il a vent &
marée propice, ou contraire: & ſuiuant cela ſont ils coniecture du chemin de l'entier voyage, neantmoins quelle aſ-
ſeurance il a, i'en laiſſe le iugement aux autres. Pierre de
Medina Pilote de la Maieſté Royale d'Eſpaigne ſur les
Indes Occidentales, declare ſommierement ſur ce ſon opinion, & tout ſon ſçauoir, en diſant: Et ſi le lieu ou le Pilote
ſe trouue eſt egal en hauteur auec le lieu d'ou il eſt party,
il n'y a icy reigle qui ſe puiſſe dire iuſtement, combien il a
nauigué: ſinon par eſtime, de ſauoir combien ſon nauire
peut aller par iour & heure qu'il aura nauigué, &c. Apres
declare le meſme Autheur, combien de fautes il y a en
ces coniectures, de ſorte que la choſe eſt plus dangereuſe
(dict il) qu'on ne penſe. Tous les Pilotes & mariniers eſti-
ment iuſques à ce iour, que ceſtuy poinct ſeroit impoſſi-
ble. Auſſi pour dire le vray, c'eſt vn des points plus diffici-
les qui peuuent au Pilote ſuruenir: veu que les Aſtronomiens meſmes (deſquels ceſte pratique doibt proceder)
ayent à ce des moyens bien difficilles. Neantmoins puis
que noſtre intention a eſté touſiours (en ce preſent traicté,
de l'art de nauiguer) d'aſſiſter par noſtre art de Mathematique les amateurs de ceſte ſcience: il eſt bien raiſon, que
nous ordónons de ceſte choſe vne reigle la plus ſeure qu'il
ſera poſſible, pour ſauoir iournellement cóbien de lieuës
aucun a nauigué ſoit à l'Eſt ou Oëſt. Neantmoins auant
que venir à laditte regle, il ſera bó que decouurons vn peu

Au 12.
Chap.
du 3.
Liure.

 le

le fondement de cefte chofe, affin qu'on puiffe mieux cõprendre le fecret de la matiere, par lequel l'inftruction fera plus facille à comprendre.

Pour le premier ie dis, que tous Pilotes fauent facillement la quantité des lieuës qu'ils ont nauigué, quand ils trouuent changement de la hauteur du Pole, par ce qu'alors les Poles du monde leur feruent pour fignes fermes, ftables, & immobiles: mais il n'eft pas ainfi de ceux qui nauiguent Eft ou Oëft: car ils demeurent toufiours, comme deffus eft dict, fous vn cercle parallele ou equidiftante du Pole: auquel cercle n'y peut eftre aucun commencement vifible que par imagination par le moyen qui s'enfuit: Imaginez que vous eftes fur vn midy en quelque lieu: & le Soleil fera lors en voftre Meridien. Or entendez que celuy qui fera party de vous & aura nauigué à l'Eft, trouuera au mefme inftant par tous inftrumens, que le Soleil fera paffé le Meridien du lieu ou il eft, de forte que le midy luy fera paffé, à fçauoir autant de temps, que monte la diftance qui eft entre vous & luy. Et au contraire fi quelqu'vn foit nauigué de vous à l'Oëft, il trouuera à laditte heure, qu'il n'eft encore midy au lieu ou il eft: par ce que le Soleil ne fera encores arriué à fon Meridien. Par cefte imagination fe doibt comprendre tout ceft affaire. Entendez doncq le Meridien d'ou vous eftes party, pour vn poinct fix, & cõmencement au cercle parallele fous lequel vous nauiguez. Or il vous faut iournellement fauoir, foit que nauiguez à l'Eft ou Oëft, quelle heure il eft en vn mefme temps, tant au lieu d'ou vous eftes party, qu'au lieu ou vous eftes arriué: & ayant cefte difference des heures, il vous faut fçauoir, combié de lieuës chafque heure dõne, felon la paral-

lele de

Iele de la hauteur du Pole du lieu ou vous estes, ainsi pourrez facilement sçauoir combien de lieuës vous auez nauigué: Ce fondament doncques ainsi mis, nous donnerons la regle laquelle nous auons pour la commodité ordonnée en ceste sorte.

Reigle generale de l'Est & Ouëst.

Vand vous nauiguez à l'Est ou Oëst, soyez pour le premier pourueu de deux choses: L'vne, que ayez vn anneau Astronomique bien iuste, pour à toute heure & en tout lieu pouuoir bien iustement prendre l'heure: lequel anneau accommoderez à la nauigation en pendant quelque pois au Nadir. Car, comme dessus est dit au 10. Chap. on peut par ce moyen vser l'anneau sur mer, par ce que nauiguant à l'Est ou Oëst, la hauteur du Pole demeure tousiours inuariable. L'autre est vn horloge à sablon qui soit bien seur, courant iustement l'espace de 24. heures, lequel pouez facilement obtenir à la fornaise voirriere, y faisant faire vn voarre trois fois si haut & ample qu'est celuy d'vn horloge à sable d'vne heure. Mais pour ce que les nauires nauiguans en mer tousiours s'enclinent, vous pouez ordonner cest horloge par certains anneaux, à la maniere du Compas marin, ou faictes dessus à chasque bout vn pendant auec vn anneau, affin qu'il puisse tousiours au milieu de quelque casse pendre à vn croc en equilibre.

Quand vous auez vn anneau Astronomique qui soit bien iuste, & vn horloge à sablon bien iustifié, courant 24. heures, pour nauiguer à l'Est ou Oëst, preparez vn iour ou

M 3

deux

deux deuant partir, voſtre dict horloge: c'eſt à dire, que le
tournés au vray midy, quand le Soleil eſt iuſtemēt au Sud,
affin que le ſablon commence à couler: mais on prendra
bien garde, de le tourner vne fois le iour. Or quand vous
auez nauigué aucuns iours ſi vous demandés à ſauoir cōbien de lieuës vous auez faict, attendez tant que l'horloge
à ſablon a iuſtement parfaict ſon cours, & prenés incontinent par voſtre anneau Aſtronomique, ſelon la parallele
de voſtre nauigation, la iuſte heure: laquelle paſſera le midy, ſi voſtre voyage eſt à l'Eſt, mais s'il eſt à l'Oëſt, il ne ſera pas encores midy. Retenés ces heures, à ſçauoir combiē
ce ſont plus ou moins de midy: car icelles vous certifierōt
de la quantité de voſtre chemin, veu qu'elles vous mōſtre-
ront la difference des heures entre le Meridien du lieu d'ou
vous eſtes party, & celuy du lieu ou vous eſtes venu. Or
pour ſauoir combien de lieües le chemin de voſtre voyage monte, cerchez à la table ſuiuante le degré de la hauteur
du Pole du parallele ſoubs lequel auez nauigué, & vous
trouuerez à main droite le nombre des lieües que chàque
heure donne ſous chàque parallele. Multipliés ces lieües
par le nombre des heures cy deſſus trouuée, le produict
declarera les lieües qu'auez nauigué. Et en cas qu'auec les
heures (comme communement aduient) ſoyent aucunes
minutes, multipliés auſsi le nombre ſuſdict des lieües par
les minutes, le produit diuiſés par 60. le quotient ſeront
lieües, leſquelles adiouſterez aux lieués precedentes, & la
ſomme vous enſeignera combien de lieües vous auez en
tout nauigué.

Table

Table des Paralleles, contenant les lieuës que chàque parallele donne pour vne heure en Longitude.

Deg.	Lieuës.	Deg.	Lieuës.	Deg.	Lieuës.	Deg.	Lieuës.
0	$262\frac{1}{2}$.	23	$241\frac{1}{2}$.	46	$182\frac{1}{4}$.	69	$94\frac{1}{3}$.
1	$262\frac{5}{12}$.	24	$239\frac{3}{4}$.	47	179.	70	$89\frac{5}{6}$.
2	$262\frac{1}{4}$.	25	238.	48	$175\frac{1}{2}$.	71	$85\frac{1}{2}$.
3	$262\frac{1}{8}$.	26	236.	49	172.	72	81.
4	262.	27	234.	50	$168\frac{1}{2}$.	73	$76\frac{2}{3}$.
5	$261\frac{1}{2}$.	28	$231\frac{7}{8}$.	51	165.	74	$72\frac{1}{3}$.
6	261.	29	$229\frac{1}{2}$.	52	$161\frac{1}{2}$.	75	68.
7	$260\frac{1}{2}$.	30	$227\frac{1}{4}$.	53	157.	76	$63\frac{1}{2}$.
8	$259\frac{7}{8}$.	31	225.	54	$154\frac{1}{4}$.	77	59.
9	259.	32	$222\frac{1}{5}$.	55	$150\frac{1}{2}$.	78	$54\frac{1}{2}$.
10	$258\frac{1}{2}$.	33	$220\frac{1}{4}$.	56	$146\frac{2}{3}$.	79	50.
11	$257\frac{1}{2}$.	34	$217\frac{1}{2}$.	57	143.	80	$45\frac{1}{2}$.
12	$256\frac{2}{5}$.	35	215.	58	139.	81	41.
13	$255\frac{3}{4}$.	36	$212\frac{1}{3}$.	59	135.	82	$36\frac{1}{2}$.
14	$254\frac{2}{3}$.	37	$209\frac{3}{4}$.	60	131.	83	32.
15	$253\frac{1}{2}$.	38	$206\frac{7}{8}$.	61	127.	84	$27\frac{1}{2}$.
16	$252\frac{1}{4}$.	39	$203\frac{5}{6}$.	62	123.	85	$22\frac{3}{4}$.
17	$251\frac{1}{8}$.	40	201.	63	119.	86	$18\frac{3}{8}$.
18	$249\frac{2}{3}$.	41	198.	64	115.	87	$13\frac{3}{4}$.
19	$248\frac{1}{4}$.	42	195.	65	111.	88	$9\frac{1}{4}$.
20	$246\frac{3}{4}$.	43	192.	66	$106\frac{3}{4}$.	89	$4\frac{2}{3}$.
21	245.	44	$188\frac{3}{4}$.	67	$102\frac{1}{2}$.	90	
22	$243\frac{1}{4}$.	45	$185\frac{1}{2}$.	68	$98\frac{1}{4}$.		

Or pour ce (comme dict François Philelphe) que toute instruction qui se faict par exemples, est plus facile à comprendre, qu'autrement: nous declarerons ceste reigle precedente de nauiguer à l'Est ou Oëst, par deux exemples.

Exemple

Exemple premier.

VNe nauire eſtant au Cab de S. Vincent en Eſpai
gne, veut nauiguer iuſtement à l'Oëſt : parquoy l
Pilote ordonne l'horloge à ſablon, de ſorte qu'il commé
ce ſon cours au vray midy. Puis nauigue 8. ou 9. iours, iuſ
ques à tant qu'il eſt arriué à l'vne des Iſles des Aſſoires, nó
mée S. Maria. Maintenant il veut ſçauoir combien de
lieuës il a nauigué. Parquoy il attend que l'horloge (qu'il a
à chaſque iour tourné) a parfaict iuſtement ſon cours, car
par ce connoiſt il qu'il eſt midy au Cab de S. Vincét : mais
en ceſte Iſle de S. Maria il treuue par l'anneau Aſtronomi
que preciſement 11. heures 10. minutes : qui eſt 50. minutes
moins que midy ou 12. heures, & monſtrent la difference
entre ces deux Meridiens, ou difference de longitude. Il
entre en la table precedente par le nombre de la hauteur
du Pole, à ſauoir 37. degrez (par ce que ces deux lieux ſont
ſous icelle parallele) & trouue à main droicte $209\frac{3}{4}$. lieuës,
pour chacune heure de ceſte parallele. Parquoy il multi-
plie $209\frac{3}{4}$. par les 50. minutes ſuſdict, & le produict eſt
$10487\frac{1}{2}$. lequel diuiſé par 60. le quotient eſt $174\frac{12}{24}$. lieuës,
qui ſont l'entier chemin de ſa nauigation.

Second Exemple.

VNe nauire nauigue de Terra-noua preciſement à
l'Eſt, ſous la vraye parallele de 50. degrez, ayant premierement ordonné ſon horloge à ſablon, de ſorte qu'il
commençoit à couler au vray midy : lequel il tourne ſelon
ceſte inſtruction vne fois le iour, iuſques au 15. iour de ſa
nauiga-

nauigation. Maintenant on veut ſçauoir, cōbien de lieuës il a nauigué, pour voir en ſa Carte marine en quel lieu il eſt arriué. Parquoy il attend tant que l'horloge au ſablon aye faict preciſement ſon cours, & prend incontinent par l'anneau Aſtronomique l'heure, laquelle eſt (par ce qu'il a nauigué à l'Eſt) 2. heures 12. minutes apres midy. Entrant en la table precedente, il treuue au parallele de 50. degrez 168½. lieuës pour heure: de ſorte que les 2. heures donnent 337. lieuës, & les 12. minutes donnent quaſi 33¾. lieuës: leſquels adiouſtés auec les 337. lieuës predictes, donnent en tout 370¾. lieuës qu'il a nauigué.

I'eſpere par ces deux exemples auoir aſſez declaré le nauiguer à l'Eſt & Oëſt. Car ſi quelqu'vn vſe iournellement ces reigles, il pratiquera facillement par ſon induſtrie plus auant: non ſeulement pour faire vne fois le iour le comte de ſon voyage, mais voire à toute heure qu'il luy plaira, veu que (comme on dict) l'experience eſt la maiſtreſſe des ſciences.

Epilogue au Lecteur.

A My Lecteur, *vous auez en ce petit diſcours ſommairemēt noſtre inuentiō & inſtruction, ſur les poincts principaux & neceſſaires à l'art de nauiguer: éſquelles auons principalement cerché que tous les reigles ſeroient generales, afin que le diligent Pilote, ſeroit entierement ſeruy, en tout ce qui luy peut ſuruenir en mer: veu que toutes les inſtructions deſcriptes iuſ-ques à preſent de ceſte matiere, contiennent ſeulement aucuns moyens particuliers, qui ne ſe peuuent qu'à certaines heures pra-*

tiquer

tiquer: Car quant à ce que les Pilotes ont, ia passé long temps, sçeu prendre de iour la hauteur du Pole, n'a ce pas esté tant seulement au midy? Semblablement quand ils veullent le mesme pratiquer de nuiçt par l'estoille du Nort, ne leur faut il pas attendre iusques à tant que les gardes soient venuës iustement en aucun des 8. Rumbs principaux? Et ce que plus est, quand on nauigue precisement à l'Est, ou Oëst, il n'y auoit alors pas de reigle ferme, sinon vne coniecture incertaine, selon que la discretion du Pilote le poüoit iuger. Et ainsi leur aduient il de plusieurs autres points semblables.

Mais par quelle facilité, perfection & seurté tout cecy peut estre pratiqué par ces instructions nouuelles & instrumens de nostre inuention, & en tout lieu & à toute heure, se cognoistra facilement par l'experience.

Priant doncques à tous Amateurs, qui aspirent d'vn cœur sincere, à la vraye intelligence de ces inuentions, de prendre en gré ce mien labeur, qu'ay fait à leur seruice. Lequel faisant me rendront enclin à bastir cy apres choses de plus grande recommandation.

Fautes à corriger.

Feuillet 18. ligne 7. pour demy, lisez deux.
72. ligne 4. pour E. mettez B.
79. ligne 5. lisez obliques & courbes.
87. ligne 6. pour Nort nortest, lisez Nort Nonoëst.
87. ligne 24. pour eureb, lisez heure.

FIN.